もくじ

算数5年
大日本図書版
新版 たのしい算数

▶3分でまとめ動画

| | | 教科書ページ | びったり1 準備　びったり2 練習 | びったり3 確かめのテスト |
|---|---|---|---|---|
| ❶整数と小数 | ①整数と小数 | 16〜22 | ▶ 2〜3 | 4〜5 |
| ❷図形の角の大きさ | ①三角形、四角形の角<br>②多角形の角<br>③しきつめ | 24〜37 | 6〜7 | 8〜9 |
| ❸2つの量の変わり方 | ①2つの量の変わり方 | 40〜42 | ▶ 10〜11 | 12〜13 |
| ❹小数のかけ算 | ①整数×小数<br>②小数×小数<br>③積の大きさ<br>④面積の公式と小数<br>⑤計算のきまり | 43〜56 | ▶ 14〜19 | 20〜21 |
| ❺体　積 | ①直方体と立方体の体積<br>②いろいろな体積 | 58〜72 | ▶ 22〜25 | 26〜27 |
| ❻小数のわり算 | ①整数÷小数<br>②小数÷小数<br>③商の大きさ<br>④わり進みの計算とあまりのあるわり算<br>⑤わり算の式<br>⑥小数倍とかけ算、わり算 | 73〜93 | ▶ 28〜37 | 38〜39 |
| ❼合同な図形 | ①合同な図形<br>②合同な図形のかき方 | 96〜106 | ▶ 40〜43 | 44〜45 |
| ❽整数の性質 | ①偶数と奇数<br>②倍数と公倍数<br>③約数と公約数 | 109〜120 | ▶ 46〜49 | 50〜51 |
| ❾分数のたし算とひき算 | ①分数の大きさ<br>②分数のたし算とひき算 | 122〜133 | ▶ 52〜59 | 60〜61 |
| ❿平　均 | ①平　均 | 134〜141 | ▶ 62〜65 | 66〜67 |
| ⓫単位量あたりの大きさ | ①単位量あたりの大きさ | 142〜150 | ▶ 68〜69 | 70〜71 |
| ⓬分数と小数、整数 | ①わり算と分数<br>②分数倍<br>③分数と小数、整数 | 154〜163 | ▶ 72〜77 | 78〜79 |
| ⓭割　合 | ①割合と百分率<br>②割合の使い方<br>③歩　合 | 164〜179 | ▶ 80〜85 | 86〜87 |
| 読み取る力をのばそう | | 180 | 88〜89 | |
| ⓮帯グラフと円グラフ | ①帯グラフと円グラフ<br>②グラフの選び方 | 181〜195 | ▶ 90〜93 | 94〜95 |
| ⓯正多角形と円 | ①正多角形<br>②円周と直径 | 198〜211 | ▶ 96〜99 | 100〜101 |
| プログラミング プログラミングにちょうせん！ | | 212〜213 | 102〜103 | |
| ⓰四角形と三角形の面積 | ①平行四辺形の面積<br>②三角形の面積<br>③いろいろな四角形の面積<br>④面積の求め方のくふう | 218〜236 | ▶ 104〜109 | 110〜111 |
| ⓱速　さ | ①速　さ | 238〜247 | ▶ 112〜115 | 116〜117 |
| ⓲角柱と円柱 | ①立　体<br>②見取図と展開図 | 248〜258 | ▶ 118〜121 | 122〜123 |
| 考えてみよう | | 260〜261 | 124〜125 | |
| 5年の復習 | | 264〜267 | 126〜128 | |

| 巻末 | 夏のチャレンジテスト／冬のチャレンジテスト／春のチャレンジテスト／学力診断テスト | とりはずして |
|---|---|---|
| 別冊 | 答えとてびき | お使いください |

ぴったり 1 準備
3分でまとめ
① 整数と小数
1 整数と小数
① 整数と小数
学習日　月　日
教科書 16～20ページ　答え 1ページ

🖊 次の ◻ にあてはまる数を書きましょう。

🎯 ねらい　10倍や100倍、$\frac{1}{10}$や$\frac{1}{100}$の数を求めよう。　練習 ①②→

🐾 小数点の位置の変わり方

★整数も小数も、10倍、100倍すると、小数点はそれぞれ1けた、2けた右に移ります。

★整数も小数も、$\frac{1}{10}$、$\frac{1}{100}$にすると、小数点はそれぞれ1けた、2けた左に移ります。

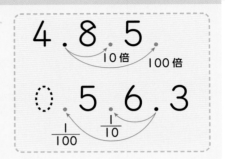

**1** 5.24 を 10倍、100倍した数を書きましょう。

解き方 5.24 を 10倍すると、小数点の位置は右に1つ移り、◻① に　5.24
なります。

5.24 を 100倍すると、小数点の位置は右に2つ移り、◻② に　5.24
なります。

**2** 35.2 を $\frac{1}{10}$、$\frac{1}{100}$ にした数を書きましょう。

解き方 35.2 を $\frac{1}{10}$ にすると、小数点の位置は左に1つ移り、◻① 　35.2
になります。

35.2 を $\frac{1}{100}$ にすると、小数点の位置は左に2つ移り、◻② に　0.35.2
なります。　　　　　　　　　　　　　　　　　　　　　0をつけたすのを
わすれないように。

🎯 ねらい　小数のしくみがわかるようにしよう。　練習 ③④→

🐾 小数のしくみ

0から9までの数字と小数点を使うと、どんな大きさの整数や小数でも表すことができます。

**3** 4.726 という数について考えましょう。

(1)　6は、何が6個あることを表していますか。

(2)　4と、どんな数を合わせた数ですか。

解き方 小数のしくみを考えるとき、0.1や0.01、0.001が何個あるかを確かめましょう。

(1)　6は $\frac{1}{1000}$ の位の数で、◻ が6個あることを表しています。

(2)　4.726は、4と ◻ を合わせた数です。

教科書ぴったりトレーニング

# 算数 5年 がんばり表

いつも見えるところに、この「がんばり表」をはっておこう。
この「ぴたトレ」を学習したら、シールをはろう！
どこまでがんばったかわかるよ。

## 6. 小数のわり算
❶ 整数÷小数　❹ わり進みの計算とあまりのあるわり算
❷ 小数÷小数　❺ わり算の式
❸ 商の大きさ　❻ 小数倍とかけ算、わり算

| 34〜35ページ | 32〜33ページ | 30〜31ページ | 28〜29ページ |
|---|---|---|---|
| ぴったり12 | ぴったり12 | ぴったり12 | ぴったり12 |
| できたら シールを はろう | できたら シールを はろう | できたら シールを はろう | できたら シールを はろう |

## 5. 体積
❶ 直方体と立方体の体積
❷ いろいろな体積

| 26〜27ページ | 24〜25ページ | 22〜23ページ |
|---|---|---|
| ぴったり3 | ぴったり12 | ぴったり12 |
| できたら シールを はろう | できたら シールを はろう | できたら シールを はろう |

## 4. 小数のかけ算
❶ 整数×小数　❸ 積の大
❷ 小数×小数　❹ 面積の

| 20〜21ページ | 18〜19ページ |
|---|---|
| ぴったり3 | ぴったり1 |
| できたら シールを はろう | できたら シールを |

## 7. 合同な図形
❶ 合同な図形
❷ 合同な図形のかき方

| 36〜37ページ | 38〜39ページ | 40〜41ページ | 42〜43ページ | 44〜45ページ |
|---|---|---|---|---|
| ぴったり12 | ぴったり3 | ぴったり12 | ぴったり12 | ぴったり3 |
| できたら シールを はろう | できたら シールを はろう | できたら シールを はろう | できたら シールを はろう | できたら シールを はろう |

## 8. 整数の性質
❶ 偶数と奇数　❸ 約数と公約数
❷ 倍数と公倍数

| 46〜47ページ | 48〜49ページ | 50〜5 |
|---|---|---|
| ぴったり12 | ぴったり12 | ぴった |
| できたら シールを はろう | できたら シールを はろう | できた シール はろ |

## 15. 正多角形と円
❶ 正多角形
❷ 円周と直径

| 100〜101ページ | 98〜99ページ | 96〜97ページ |
|---|---|---|
| ぴったり3 | ぴったり12 | ぴったり12 |
| できたら シールを はろう | できたら シールを はろう | できたら シールを はろう |

## 14. 帯グラフと円グラフ
❶ 帯グラフと円グラフ
❷ グラフの選び方

| 94〜95ページ | 92〜93ページ | 90〜91ページ |
|---|---|---|
| ぴったり3 | ぴったり12 | ぴったり12 |
| できたら シールを はろう | できたら シールを はろう | できたら シールを はろう |

## 活用
## 読み取る力
## をのばそう

| 88〜89ページ |
|---|
| できたら シールを はろう |

## 13. 割合
❶ 割合と百分率　❸
❷ 割合の使い方

| 86〜87ページ | 84〜8 |
|---|---|
| ぴったり3 | ぴった |
| できたら シールを はろう | でき シー はろ |

## ★プログラミング
## にちょうせん！

| 102〜103ページ |
|---|
| プログラミング |
| できたら シールを はろう |

## 16. 四角形と三角形の面積
❶ 平行四辺形の面積　❸ いろいろな四角形の面積
❷ 三角形の面積　❹ 面積の求め方のくふう

| 104〜105ページ | 106〜107ページ | 108〜109ページ | 110〜111ページ |
|---|---|---|---|
| ぴったり12 | ぴったり12 | ぴったり12 | ぴったり3 |
| できたら シールを はろう | できたら シールを はろう | できたら シールを はろう | できたら シールを はろう |

## 17. 速さ
❶ 速さ

| 112〜113ページ | 114〜115ページ | 116〜117ページ |
|---|---|---|
| ぴったり12 | ぴったり12 | ぴったり3 |
| できたら シールを はろう | できたら シールを はろう | できたら シールを はろう |

好きななまえを
つけてね！

なまえ

ぴた犬
（おとも犬）
シールを
はろう

シールの中から好きなぴた犬を選ぼう。

## おうちのかたへ

がんばり表のデジタル版「デジタルがんばり表」では、デジタル端末でも学習の進捗記録をつけることができます。1冊やり終えると、抽選でプレゼントが当たります。「ぴたサポシステム」にご登録いただき、「デジタルがんばり表」をお使いください。LINE または PC・ブラウザを利用する方法があります。

LINE用 　PC・ブラウザ用

★ ぴたサポシステムご利用ガイドはこちら ★
https://www.shinko-keirin.co.jp/shinko/news/pittari-support-system

⑤ 計算のきまり

式と小数

## 3. 2つの量の変わり方
❶ 2つの量の変わり方

## 2. 図形の角の大きさ
❶ 三角形、四角形の角　　❸ しきつめ
❷ 多角形の角

## 1. 整数と小数
❶ 整数と小数

| 16〜17ページ | 14〜15ページ | 12〜13ページ | 10〜11ページ | 8〜9ページ | 6〜7ページ | 4〜5ページ | 2〜3 |
|---|---|---|---|---|---|---|---|
| ぴったり 1 2 | ぴったり 1 2 | ぴったり 3 | ぴったり 1 2 | ぴったり 3 | ぴったり 1 2 | ぴったり 3 | ぴったり |
| できたらシールをはろう | できたらシールをはろう | できたらシールをはろう | できたらシールをはろう | できたらシールをはろう | できたらシールをはろう | できたらシールをはろう | できたらシールをはろう |

## 9. 分数のたし算とひき算
❶ 分数の大きさ
❷ 分数のたし算とひき算

## 10. 平均
❶ 平均

| ページ | 52〜53ページ | 54〜55ページ | 56〜57ページ | 58〜59ページ | 60〜61ページ | 62〜63ページ | 64〜65ページ | 66〜6 |
|---|---|---|---|---|---|---|---|---|
| 3 | ぴったり 1 2 | ぴったり 1 2 | ぴったり 1 2 | ぴったり 1 2 | ぴったり 3 | ぴったり 1 2 | ぴったり 1 2 | ぴった |
| できたらシールをはろう | できたらシールをはろう | できたらシールをはろう | できたらシールをはろう | できたらシールをはろう | できたらシールをはろう | できたらシールをはろう | できたらシールをはろう |

## 12. 分数と小数、整数
❶ わり算と分数　　❸ 分数と小数、整数
❷ 分数倍

## 11. 単位量あたりの大きさ
❶ 単位量あたりの大きさ

| 5ページ | 82〜83ページ | 80〜81ページ | 78〜79ページ | 76〜77ページ | 74〜75ページ | 72〜73ページ | 70〜71ページ | 68〜69 |
|---|---|---|---|---|---|---|---|---|
| 1 2 | ぴったり 1 2 | ぴったり 1 2 | ぴったり 3 | ぴったり 1 2 | ぴったり 1 2 | ぴったり 1 2 | ぴったり 3 | ぴったり |
| できたらシールをはろう | できたらシールをはろう | できたらシールをはろう | できたらシールをはろう | できたらシールをはろう | できたらシールをはろう | できたらシールをはろう | できたらシールをはろう |

## 18. 角柱と円柱
❶ 立体
❷ 見取図と展開図

★考えて
みよう

5年の復習

| 118〜119ページ | 120〜121ページ | 122〜123ページ | 124〜125ページ | 126〜128ページ |
|---|---|---|---|---|
| ぴったり 1 2 | ぴったり 1 2 | ぴったり 3 | | |
| できたらシールをはろう | できたらシールをはろう | できたらシールをはろう | できたらシールをはろう | できたらシールをはろう |

ゴール

最後まで
がんばったキミは
「ごほうびシール」
をはろう！

教科書 16～20ページ ▷ 答え 1ページ

**1** 次の数を書きましょう。　　　　　教科書 16ページ 1

① 6.18 の 10 倍、100 倍、1000 倍の数

10倍（　　　　　）　　100倍（　　　　　）　　1000倍（　　　　　）

② 285 の $\frac{1}{10}$、$\frac{1}{100}$、$\frac{1}{1000}$ の数

$\frac{1}{10}$（　　　　　）　　$\frac{1}{100}$（　　　　　）　　$\frac{1}{1000}$（　　　　　）

**2** 次の数を書きましょう。　　　　　教科書 16ページ 1

① 3.48 の 10 倍の数　　　　　　　② 0.54 の 100 倍の数

（　　　　　）　　　　　　　　　　（　　　　　）

③ 4.15 の $\frac{1}{10}$ の数　　　　　　④ 20.7 の $\frac{1}{100}$ の数

（　　　　　）　　　　　　　　　　（　　　　　）

⑤ 8.3×100　　　　　　　　　　　⑥ 52.6÷100

（　　　　　）　　　　　　　　　　（　　　　　）

⑦ 2.63 の 1000 倍の数　　　　　　⑧ 129.3 の $\frac{1}{1000}$ の数

（　　　　　）　　　　　　　　　　（　　　　　）

!まちがい注意

**3** ①、②、③、④ のカードを1まいずつ使って、右の□に
あてはめて次の小数をつくりましょう。

教科書 19ページ 2

① 一番小さい小数

（　　　　　）

② 一番大きい小数

（　　　　　）

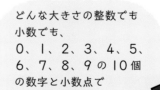

どんな大きさの整数でも
小数でも、
0、1、2、3、4、5、
6、7、8、9 の10個
の数字と小数点で
表せちゃうんだね！

**4** □ にあてはまる数を書きましょう。

① 43.62＝10×□＋1×□＋0.1×□＋0.01×□

② 610.5＝100×□＋10×□＋1×□＋0.1×□

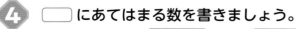
ヒント ④ 23.6 という数のしくみは、10×2＋1×3＋0.1×6 という式で表せます。

## ① 整数と小数

時間 **30** 分

／100

合格 **80** 点

教科書 16〜22 ページ　答え 2 ページ

**知識・技能**　／88点

**1** 3.26 について答えましょう。　各4点(8点)
① 10倍すると、小数点はどちらに何けた移りますか。

（　　　　　　　　　）

② $\frac{1}{100}$ にすると、小数点はどちらに何けた移りますか。

（　　　　　　　　　）

**2** よく出る 次の数を書きましょう。　各4点(24点)
① 4.82 の 10倍、100倍、1000倍の数

10倍（　　　　　　） 　100倍（　　　　　　） 　1000倍（　　　　　　）

② 572 の $\frac{1}{10}$、$\frac{1}{100}$、$\frac{1}{1000}$ の数

$\frac{1}{10}$（　　　　　　） 　$\frac{1}{100}$（　　　　　　） 　$\frac{1}{1000}$（　　　　　　）

**3** 次の数は、2.35 を何倍した数ですか。　各4点(8点)
① 23.5　　　　　　　　　　　　② 2350

（　　　　　　　）　　　　　　　　　　　（　　　　　　　）

**4** 次の数は、60.3 の何分の一の数ですか。　各4点(8点)
① 6.03　　　　　　　　　　　　② 0.0603

（　　　　　　　）　　　　　　　　　　　（　　　　　　　）

**5** よく出る 次の数を書きましょう。　　　　　　　　　　　　　各4点(16点)

① 3.82 の 10 倍の数　　　　　　　② 0.74 の 100 倍の数

（　　　　　　）　　　　　　　　　　　　　　（　　　　　　）

③ 27.1 の 1000 倍の数　　　　　　④ 0.083×100

（　　　　　　）　　　　　　　　　　　　　　（　　　　　　）

**6** よく出る 次の数を書きましょう。　　　　　　　　　　　　　各4点(16点)

① 7.13 の $\frac{1}{10}$ の数　　　　　　　② 2.03 の $\frac{1}{100}$ の数

（　　　　　　）　　　　　　　　　　　　　　（　　　　　　）

③ 156.7 の $\frac{1}{1000}$ の数　　　　　④ 50.1÷100

（　　　　　　）　　　　　　　　　　　　　　（　　　　　　）

**7** □にあてはまる数を書きましょう。　　　　　　　　　各4点、①は完答(8点)

① 736.1＝100×□＋10×□＋1×□＋0.1×□

② □＝10×3＋1×0＋0.1×5＋0.01×8

---

思考・判断・表現　　　　　　　　　　　　　　　　　／12点

**8** 0から9までの 10 個の数字のうち4個を右の□に
1回ずつあてはめて、いろいろな小数をつくります。

□ □ . □ □

各4点(12点)

① 一番大きい小数をつくりましょう。

（　　　　　　）

② 一番小さい小数をつくりましょう。

（　　　　　　）

③ 50 に一番近い小数をつくりましょう。

（　　　　　　）

ふりかえり 🐶 **1**がわからないときは、2ページの **1**、**2** にもどって確にんしてみよう。

ぴったり1 準備

② 図形の角の大きさ
① 三角形、四角形の角
② 多角形の角 ③ しきつめ

学習日 月 日

教科書 24〜35ページ 答え 3ページ

✏ 次の◯◯にあてはまる数を書きましょう。

◎ねらい 三角形の３つの角の大きさの和を調べよう。　練習 ① →

🐾 三角形の３つの角の大きさの和

三角形の３つの角の大きさの和は180°です。

⑦＋⑦＋⑦＝180°

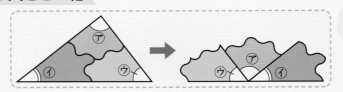

三角形をちぎって３つのかどを集めると、一直線になるね。

**1** 右の三角形のあの角の大きさは何度ですか。

解き方 三角形の３つの角の大きさの和は ①◯◯° だから、

あの角の大きさは、②◯◯°−(60°＋75°)＝③◯◯°　答え ④◯◯°

◎ねらい 四角形の４つの角の大きさの和を調べよう。　練習 ② →

🐾 四角形の４つの角の大きさの和

四角形の４つの角の大きさの和は360°です。

**2** 右の四角形のあの角の大きさは何度ですか。

解き方 四角形の４つの角の大きさの和は ①◯◯° だから、

あの角の大きさは、②◯◯°−(80°＋55°＋③◯◯°)＝④◯◯°

答え ⑤◯◯°

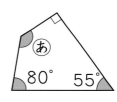

◎ねらい 多角形について理解しよう。　練習 ③ →

🐾 多角形

★5本の直線で囲まれた図形を**五角形**、6本の直線で囲まれた図形を**六角形**といいます。

★三角形、四角形、五角形、…のように直線で囲まれた図形を**多角形**といいます。

五角形　六角形
多角形

**3** 五角形の１つの頂点から対角線をひくと、三角形が ①◯◯個できます。三角形の３つの角の大きさの和は180°だから、五角形の角の大きさの和は、180°×②◯◯＝③◯◯°になります。

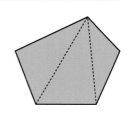

教科書　24〜35 ページ　　答え　3 ページ

**1** 下の⑤〜⑥の角の大きさを計算で求めましょう。　　教科書　25 ページ **1**

①

（　　　　　　　）

②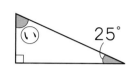

（　　　　　　　）

③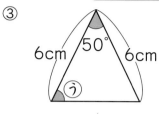

（　　　　　　　）

④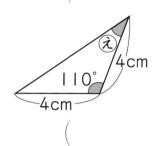

（　　　　　　　）

⑤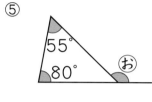

（　　　　　　　）

⑥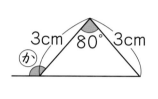

（　　　　　　　）

**2** 下の⑤〜⑥の角の大きさを計算で求めましょう。　　教科書　27 ページ **2**

①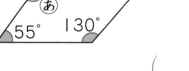

（　　　　　　　）

②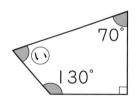

（　　　　　　　）

③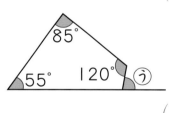

（　　　　　　　）

④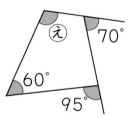

（　　　　　　　）

📖 よくよんで

**3** 六角形の6つの角の大きさの和を求めます。次の問いに答えましょう。　　教科書　32 ページ **1**

① 右の図の六角形の頂点Aからひける対角線を、全部かきましょう。

② いくつの三角形に分けられましたか。

（　　　　　　　）

③ 六角形の6つの角の大きさの和を求めましょう。

（　　　　　　　）

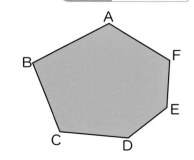

😊 ヒント　① ③④⑥ 長さが等しい辺があるから、二等辺三角形とわかります。

## ② 図形の角の大きさ

時間 **30** 分

／100

合格 **80** 点

| 教科書 | 24〜37 ページ | 答え | 3 ページ |

---

**知識・技能**　　　　　　　　　　　　　　　　　　　　　　　　／70点

**1** ◯◯ にあてはまる数を書きましょう。　　　　　　　　各5点(20点)

① 三角形の3つの角の大きさの和は、◯◯° です。

② 四角形の1つの頂点から対角線をひくと、◯◯ 本の対角線がひけます。すると、三角形が ◯◯ つできるので、四角形の4つの角の大きさの和は ◯◯° であることがわかります。

**2** よく出る 下の⑥〜⑥の角の大きさは何度ですか。　　式・答え 各5点(50点)

①
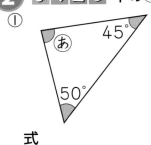
あ　45°　50°

式

②
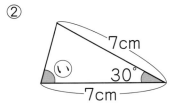
い　7cm　30°　7cm

式

③
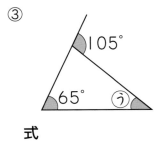
105°　65°　う

式

答え（　　　　　）　　　答え（　　　　　）　　　答え（　　　　　）

④
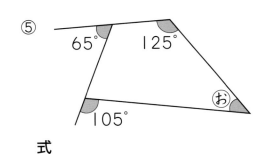
え　135°　75°　65°

式

⑤
65°　125°　105°　お

式

答え（　　　　　）　　　　　　　　　答え（　　　　　）

8

思考・判断・表現 　　　　　　　　　　　　　　　　　　　　　　　　　　／30点

**❸** 右の図で、⑧の角の大きさは何度ですか。　式・答え 各5点(10点)

式

答え（　　　　　　）

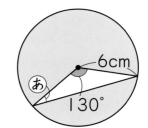

**❹** 右の図を見て答えましょう。　　　　　　　　　　　　　各5点(20点)

① 右の図形は何角形ですか。

（　　　　　　）

② １つの頂点から対角線は何本ひけますか。

（　　　　　　）

③ １つの頂点から対角線をひいたとき、三角形はいくつできますか。

（　　　　　　）

**できたらスゴイ!**

④ この図形の角の大きさの和は何度になりますか。

（　　　　　　）

**はってん** 多角形の角の大きさの和の求め方をまとめよう　　　　　**教科書 34ページ**

**1** 多角形の辺の数と、１つの頂点から対角線をひいてできる三角形の数と、角の大きさの和を表にまとめます。

◀多角形の角の大きさの和は、三角形の角の大きさの和が180°であることをもとにして考えます。表から、辺の数と三角形の数との間にあるきまりを見つけます。

|  | 辺の数 | 三角形の数 | 角の大きさの和 |
|---|---|---|---|
| 三角形 | 3 | 1 | 180° |
| 四角形 | 4 | ㋐ 2 | 180°×2 |
| 五角形 | 5 | ㋑ | ㋒ 180°×3 |
| 六角形 | 6 | ㋓ | ㋔ |
|  |  |  |  |

① 上の表の㋐〜㋔にあてはまる数や式を書きましょう。
② 辺の数と三角形の数を比べると、三角形の数は辺の数よりいくつ少ないですか。　　　　　　　　　　　　　　（　　　　　　）
③ 多角形の辺の数を〇本とすると、角の大きさの和は、次の式で求められます。◻にあてはまる数を書きましょう。

180°×（〇−◻）

④ ③の式を使って、九角形の角の大きさの和を求めましょう。

（　　　　　　）

**ふりかえり** ❶がわからないときは、6ページの**1**にもどって確にんしてみよう。

3分でまとめ

③ 2つの量の変わり方

① **2つの量の変わり方**

次の　にあてはまる数やことばを書きましょう。

教科書 40～42ページ　答え 4ページ

**◎ねらい** 2つの量の変わり方について理解しよう。

練習①→

**👣 比例の意味**

2つの量○と△があって、○が2倍、3倍、4倍、……になると、それにともなって、△も2倍、3倍、4倍、……になるとき、△は○に**比例する**といいます。

| ○ | 1 | 2 | 3 | 4 |
|---|---|---|---|---|
| △ | 10 | 20 | 30 | 40 |

2倍　3倍　4倍

**1** 次の2つの量が、比例しているか、比例していないかを答えましょう。

(1) 正方形の1辺の長さと面積

| 1辺の長さ(cm) | 1 | 2 | 3 | 4 |
|---|---|---|---|---|
| 面積(cm²) | 1 | 4 | 9 | 16 |

(2) 正三角形の1辺の長さとまわりの長さ

| 1辺の長さ(cm) | 1 | 2 | 3 | 4 |
|---|---|---|---|---|
| まわりの長さ(cm) | 3 | 6 | 9 | 12 |

**解き方** (1) 1辺の長さが2倍、3倍、……になると、面積は4倍、①　倍、……になっているので、比例して②　。

(2) 1辺の長さが2倍、3倍、……になると、まわりの長さも2倍、①　倍、……になっているので、比例して②　。

**◎ねらい** 比例する2つの量○と△の関係を式に表そう。

練習②③→

**👣 比例の式**

比例する2つの量○と△の関係は、式で表すことができます。
右の表の○と△の関係で、△はいつも○の7倍になっています。7×○＝△

| ○ | 1 | 2 | 3 | 4 |
|---|---|---|---|---|
| △ | 7 | 14 | 21 | 28 |

**2** 水そうに水を入れるときの、時間と水の深さの関係を調べます。

| 時間○(分) | 1 | 2 | 3 | 4 | 5 | 6 |
|---|---|---|---|---|---|---|
| 水の深さ△(cm) | 4 | 8 | 12 | 16 | 20 | 24 |

(1) 時間○分と水の深さ△cmの関係を式に表しましょう。

(2) 水を8分間入れたときの水の深さは、何cmになりますか。

**解き方** (1) 水の深さ(△)は、いつも時間(○)の4倍になっています。
式に表すと、　×○＝△となります。

(2) 水を入れる時間8分は、○が8のときなので、4×①　＝②　

答え ③　cm

教科書 40〜42 ページ ┃ 答え 4 ページ

**1** 次の２つの量の関係について調べましょう。　教科書 40 ページ **1**

㋐　面積が 100 cm² の長方形の、たての長さ○ cm と横の長さ△ cm

㋑　正方形の１辺の長さ○ cm と面積△ cm²

㋒　１日のうちの昼の時間の長さ○時間と、夜の時間の長さ△時間

㋓　１m あたりの重さが 50 g のはり金○ m の重さ△ g

① 一方の量が増えると、それにともなってもう一方の量も増えるのはどれですか。

（　　　　　）

② ２つの量が比例しているのはどれですか。

（　　　　　）

○を２倍、３倍、……にすると、△も２倍、３倍、……になってるかな？

**2** 自動車が使うガソリンの量を○ L、進んだ道のりを△ km とします。　教科書 40 ページ **1**、42 ページ **2**

| ガソリンの量○（L） | 1 | 2 | 3 | 4 | 5 |
|---|---|---|---|---|---|
| 進んだ道のり△（km） | 8 | 16 | 24 | 32 | 40 |

① 進んだ道のり（△）はガソリンの量（○）に比例していますか。

（　　　　　）

② ガソリンの量○ L と進んだ道のり△ km の関係を式に表しましょう。

（　　　　　）

③ ガソリンを７ L 使ったときの、進んだ道のりは何 km ですか。

（　　　　　）

④ 64 km 進むには、何 L のガソリンがいりますか。

（　　　　　）

**3** 5 m の代金が 300 円のリボンがあります。　教科書 42 ページ **2**

① このリボン１ m のねだんを、右の数直線図を使って求めましょう。

（　　　　　）

代金　0　□　　　300　（円）
長さ　0　1　　　5　（m）

② このリボンを６ m 買ったときの代金を求めましょう。

（　　　　　）

ぴったり3
確かめのテスト

③ 2つの量の変わり方

時間 30 分
／100
合格 80 点

教科書 40〜42 ページ　答え 5 ページ

知識・技能　　　　　　　　　　　　　　　　　　　／50点

**1** 2つの量の変わり方について答えましょう。　　　各4点、①は完答（8点）

① はり金の長さと重さの関係は、はり金の長さが2倍、3倍、……になると、重さも2倍、3倍、……になっています。⑦〜⑨にあてはまる数を書きましょう。

はり金の長さと重さ

| 長さ（m） | 1 | 2 | 3 | 4 |
|---|---|---|---|---|
| 重さ（g） | 5 | ⑦ | ⑦ | ⑦ |

② □ にあてはまることばを書きましょう。

2つの量○と△があって、○が2倍、3倍、……になると、それにともなって、△も2倍、3倍、……になるとき、△は○に □ するといいます。

**2** よく出る 次の⑦〜⑨で、2つの量が比例するものには○を、そうでないものには×を、（　）に書きましょう。　　　各6点（24点）

⑦ 1個50円のあめを買うときの、個数○個と代金△円

（　　　　　）

④ お父さんの年れい○才と、お母さんの年れい△才

（　　　　　）

⑨ 毎日本を10ページずつ読むときの、日数○日と読んだページ数△ページ

（　　　　　）

⑨ たての長さが4cmの長方形の横の長さ○cmと面積△cm²

（　　　　　）

**3** 次の表は、あるガソリンの量と代金の関係を表したものです。　　　各6点（18点）

| ガソリンの量（L） | 5 | 10 | 15 | 20 | 25 | |
|---|---|---|---|---|---|---|
| 代金（円） | 550 | 1100 | 1650 | 2200 | 2750 | |

① ガソリンの代金は量に比例していますか。

（　　　　　）

② ガソリンの量が40Lのときの代金はいくらですか。

（　　　　　）

③ 代金が3850円のときのガソリンの量は何Lですか。

（　　　　　）

思考・判断・表現　　　　　　　　　　　　　　　　　　　　　　　　　　／50点

**4** 次の表は、水そうに水をためた時間○分とたまった水の量△Lの関係をまとめたものです。

各5点、①は完答（25点）

ためた時間と水の量

| 時間○（分） | 1 | 2 | 3 | 4 | 5 | 6 | |
|---|---|---|---|---|---|---|---|
| 水の量△（L） | 4 | 8 | 12 | ㋐ | ㋑ | ㋒ | |

① 表のあいているところに、水の量△Lを書き入れましょう。

② 水の量△Lは、時間○分に比例していますか。

（　　　　　　　　　　）

③ 水をためた時間○分、水の量△Lの関係を式に表しましょう。

（　　　　　　　　　　）

④ 9分間ためたときの、水の量は何Lですか。

（　　　　　　　　　　）

⑤ 48Lの水をためるには、何分かかりますか。

（　　　　　　　　　　）

**5** 正三角形の1辺の長さを○cm、まわりの長さを△cmとします。

各5点、①は完答（25点）

正三角形の1辺の長さとまわりの長さ

| 1辺の長さ○（cm） | 1 | 2 | 3 | 4 | 5 | 6 | |
|---|---|---|---|---|---|---|---|
| まわりの長さ△（cm） | 3 | ㋐ | ㋑ | ㋒ | ㋓ | ㋔ | |

① 表のあいているところに、まわりの長さ△cmを書き入れましょう。

② まわりの長さ△cmは、1辺の長さ○cmに比例していますか。

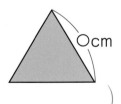
○cm

（　　　　　　　　　　）

③ 1辺の長さ○cmと、まわりの長さ△cmの関係を式に表しましょう。

（　　　　　　　　　　）

④ 1辺の長さが30cmのときのまわりの長さは何cmですか。

（　　　　　　　　　　）

⑤ まわりの長さが24cmのときの1辺の長さは何cmですか。

（　　　　　　　　　　）

ふりかえり　❶がわからないときは、10ページの❶にもどって確にんしてみよう。

**ぴったり①　準備**

④ 小数のかけ算

**① 整数×小数**

学習日　　月　　日

教科書　43〜48ページ　　答え　5ページ

✏ 次の◯にあてはまる数を書きましょう。

◎ねらい　整数×小数の積の求め方を考えよう。　　練習①②③➡

🐾 **60×2.8 の積の求め方**

60×2.8 の積は、2.8 を整数にした、60×28 の積を $\frac{1}{10}$ にする（10 でわる）と求めることができます。

$$60×2.8=\square$$
10倍　10倍　$\frac{1}{10}$
$$60×28=1680$$

**1** 1m のねだんが 60 円のリボンを 2.8m 買います。代金はいくらですか。

解き方 ❶　このテープ2m と 3m の代金は、
60×2＝120（円）
60×3＝180（円）
❷　2.8m の代金を求めるときも、
│1m のねだん│×│長さ│
の式にあてはめます。
60×①◯
❸　28m の代金……60×28（円）
2.8m の代金は、
60×2.8＝60×28÷②◯
＝168
答え ③◯ 円

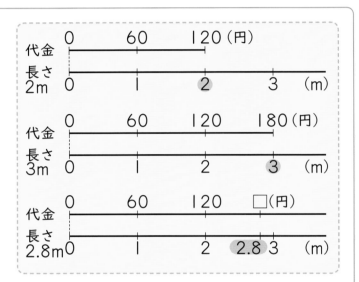

◎ねらい　整数×小数を、筆算でできるようにしよう。　　練習④➡

🐾 **16×4.2 の計算のしかた**

```
   16              16
 ×4.2  ─10倍→    ×42
   32              32
   64              64
  67.2 ←1/10─     672
```

小数点がないものとして計算して、最後に積を 10 でわって小数点をうつんだね。

**2** (1)
```
   24
 ×1.7
  168
   24
```
(2)
```
   34
 ×0.7
```
(3)
```
    8
 ×2.6
   48
   16
```
(4)
```
    6
 ×4.5
   30
   24
```

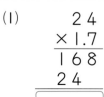 14

教科書 43〜48 ページ　　答え 5 ページ

**1** 1 m の重さが 30 g のはり金 4.3 m の重さを求めましょう。　　教科書 43 ページ **1**

① はり金 4.3 m の重さを求める式を書きましょう。

（　　　　　　　　　　　　　）

② このはり金 43 m の重さは何 g ですか。

（　　　　　　　　　　　　　）

③ はり金 43 m の重さは、4.3 m の何倍になっているかを考えて、答えを求めましょう。

（　　　　　　　　　　　　　）

**2** 1 L のねだんが 130 円のジュースを 0.8 L 買いました。代金はいくらですか。

教科書 47 ページ **2**

（　　　　　　　　　　　　　）

**3** 1 m の重さが 14 kg の鉄のパイプがあります。この鉄のパイプ 5.6 m の重さは何 kg ですか。

教科書 48 ページ **3**

（　　　　　　　　　　　　　）

**！まちがい注意**

**4** 計算をしましょう。　　教科書 48 ページ **3**

①
```
  1 8
× 5.2
```

②
```
  4 3
× 7.5
```

③
```
  3 9
× 0.2
```

④
```
  8 4
× 0.6
```

⑤
```
    7
× 1.2
```

⑥
```
    9
× 3.8
```

⑦
```
    5
× 7.6
```

**ヒント** 4 答えに小数点をうつのを、わすれないように気をつけましょう。

次の□□にあてはまる数を書きましょう。

教科書 49～50 ページ 〉 答え 6 ページ

**ねらい** 小数×小数の計算を筆算でできるようにしよう。　練習 ❶ ❷ ❸ →

🐾 **4.6×2.8 の計算のしかた**

❶　小数を整数として計算します。

❷　積を小数になおすために、積の小数点をかけられる数とかける数の小数点の右にあるけた数(小数部分のけた数)の和だけ、右から数えてうちます。

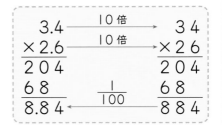

小数点の右にあるけた数

$$
\begin{array}{r}
4.6 \\
\times\,2.8 \\
\hline
368 \\
92\phantom{0} \\
\hline
12.88 \\
\end{array}
$$

1+1=2

**1**　3.4×2.6 の積の求め方を考えましょう。

**解き方** 3.4 を 10 倍し、2.6 を ① □□ 倍すると、整数のかけ算になります。

34×26 の積は 884 です。

これは、3.4×2.6 の積の ② □□ 倍だから、

3.4×2.6 の積は、884 の $\frac{1}{100}$ の数の ③ □□ となります。

これを式に書くと、

3.4×2.6＝(3.4×10)×(2.6× ④ □□)÷(10×10)

　　　　＝34×26÷ ⑤ □□

　　　　＝884÷100

　　　　＝ ⑥ □□

$$
\begin{array}{r}
3.4 \\
\times\,2.6 \\
\hline
204 \\
68\phantom{0} \\
\hline
8.84 \\
\end{array}
\quad\xrightarrow{10倍}\quad
\begin{array}{r}
34 \\
\times\,26 \\
\hline
204 \\
68\phantom{0} \\
\hline
884 \\
\end{array}
$$

それぞれの小数を 10 倍しているから、全体で 100 倍していることになるね。

**2**　次の計算を筆算でしましょう。

(1)　6.84×2.6

(2)　6.05×0.38

**解き方** (1)

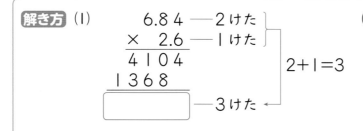

$$
\begin{array}{r}
6.84 \\
\times\quad2.6 \\
\hline
4104 \\
1368\phantom{0} \\
\hline
\phantom{000000}
\end{array}
$$
—2けた
—1けた
—3けた

2+1=3

(2)

$$
\begin{array}{r}
6.05 \\
\times\,0.38 \\
\hline
4840 \\
1815\phantom{0} \\
\hline
\phantom{000000}
\end{array}
$$
—2けた
—2けた
—4けた

2+2=4

積の右はしの 0 は消します。

積の小数部分の右はしの 0 は、かならず消すよ。

ぴったり 2

# 練 習

★ できた問題には、「た」を書こう！★

でき 1　でき 2　でき 3

学習日　　月　　日

教科書　49〜50 ページ　答え　6 ページ

**1** □ にあてはまる数を書きましょう。

教科書 49 ページ **1**、50 ページ **2**

① 1.5×2.9＝（1.5×□）×（2.9×□）÷（10×10）

　　　　　　＝15×29÷□

　　　　　　＝□

```
   1 5
 × 2 9
─────
 1 3 5
 3 0
─────
 4 3 5
```

② 1.42×2.8＝（1.42×□）×（2.8×□）÷（100×10）

　　　　　　＝142×28÷□

　　　　　　＝□

```
   1 4 2
 ×   2 8
───────
 1 1 3 6
 2 8 4
───────
 3 9 7 6
```

**2** 計算をしましょう。

教科書 49 ページ **1**、50 ページ **2**・**3**

① 7.9×2.3

② 6.5×9.8

③ 1.8×0.5

④ 2.56×3.2

⑤ 3.21×2.46

⑥ 4.5×0.84

⑦ 0.8×0.9

⑧ 0.06×0.45

小数部分の右はしの0を消すのをわすれないようにしよう。

📖 よくよんで

**3** 1L のガソリンで 8.6 km 走る自動車があります。10.5L のガソリンでは、何 km 走れますか。

教科書 50 ページ **3**

（　　　　　　　）

💡ヒント　筆算を書くときは、かけられる数とかける数を右にそろえます。

17

## ぴったり1 準備

④ 小数のかけ算

③ 積の大きさ　　④ 面積の公式と小数

⑤ 計算のきまり

学習日　　月　　日

📘教科書 **52〜54ページ** 　✏️答え **6ページ**

✏️ 次の◯◯にあてはまる数やことばを書きましょう。

---

**◎ねらい** 積とかけられる数の関係を理解しよう。　　練習 **①②→**

**🐾 積とかけられる数の大小の関係**

★かける数が**1**より小さいとき、積は、
かけられる数より**小さく**なります。

★かける数が**1**より大きいとき、積は、
かけられる数より**大きく**なります。

$$2.4 \times 0.2 = 0.48$$
1 より小さい　　2.4 より小さくなる

$$2.4 \times 1.8 = 4.32$$
1 より大きい　　2.4 より大きくなる

**1** 積がかけられる数より小さくなるか、大きくなるかを答えましょう。

(1)　$3.8 \times 1.6$　　　　　　　　　　(2)　$7.2 \times 0.9$

**解き方** かける数が1より大きいか、小さいかできまります。

(1)　1.6 は1より◯① [　　　] から、積はかけられる数より◯② [　　　]。

(2)　0.9 は1より◯① [　　　] から、積はかけられる数より◯② [　　　]。

---

**◎ねらい** 辺の長さが小数のときも、面積の公式が使えるようにしよう。　　練習 **③→**

**🐾 面積の公式と小数**

面積は、辺の長さが小数で表されていても、公式にあてはめて求めることができます。

**2** たてが 3.2 cm、横が 4.8 cm の長方形の面積を求めましょう。

**解き方** |たて|×|横|＝|長方形の面積|

だから、式は、

◯① [　　　] ×4.8 となります。

```
    3.2
  × 4.8
  2 5 6
  1 2 8
◯② [    ]
```

答え ◯③ [　　　] cm²

4.8cm
3.2cm

---

**◎ねらい** 小数のときにも、計算のきまりが使えるようにしよう。　　練習 **④⑤→**

**🐾 小数のかけ算のきまり**　　計算のきまりは、小数のときも成り立ちます。

〇×△＝△×〇　　　　　　　　　　(〇＋△)×□＝〇×□＋△×□

(〇×△)×□＝〇×(△×□)　　　　　(〇－△)×□＝〇×□－△×□

**3** (1)　$3.8 \times 4 \times 1.5 = 3.8 \times ($◯①[　　]$\times 1.5) = 3.8 \times$ ◯②[　　] $= 22.8$

(2)　$5.3 \times 7.6 + 4.7 \times 7.6 = ($◯①[　　]$+ 4.7) \times 7.6 =$ ◯②[　　] $\times 7.6 = 76$

学習日　　　月　　　日

教科書　52〜54 ページ　　答え　6 ページ

**1** 積が 12 より小さくなるのはどれですか。記号で全て答えましょう。　教科書 52 ページ 1

ⓐ 12×0.9　　ⓘ 12×1.3　　ⓤ 12×0.03　　ⓔ 12×1.02

（　　　　　　　）

**！まちがい注意**

**2** □ にあてはまる不等号を書きましょう。　教科書 52 ページ 1

① 5.4×0.7 □ 5.4　　　　② 3×1.1 □ 3

③ 7.5×2.7 □ 7.5　　　　④ 0.3×0.2 □ 0.3

**3** 次の面積を求めましょう。　教科書 53 ページ 1

① 1辺の長さが 1.8 m の正方形の面積は何 $m^2$ ですか。

（　　　　　　　）

② 右のような長方形の面積は何 $m^2$ ですか。

（　　　　　　　）

2.3m

80cm

**よくみて**

**4** □ にあてはまる数を書きましょう。　教科書 54 ページ 1

① 5.8×4+5.8＝5.8×(4+ ⑦□ )

　　　　　＝5.8× ⑦□

　　　　　＝ ⑨□

② 4.9×2.8＝(5− ⑦□ )×2.8

　　　　＝5×2.8− ⑦□ ×2.8

　　　　＝ ⑦□ − ⑦□

　　　　＝ ⑦□

**5** 計算のきまりを使い、くふうして計算しましょう。　教科書 54 ページ 1

① 8.3×2.5×4　　　　　　② 6.7×8×2.5

③ 0.7×9.8+0.3×9.8　　　④ 8.4×7.6−8.4×2.6

**ヒント** ❶❷ 実際に計算しなくても、かける数の大きさで積の大きさがわかります。

## ④ 小数のかけ算

時間 **30** 分

／100

合格 **80** 点

教科書 43〜56 ページ　　答え 7 ページ

知識・技能　　　　　　　　　　　　　　　　　　　　　　　　　／60点

**1** よく出る ☐ にあてはまる数を書きましょう。　　　　　各4点（8点）

① 56×2.5＝（56×25）÷ ☐

② 4.8×3.6＝（48×36）÷ ☐

**2** 次のかけ算にはまちがいがあります。正しい答えを書きましょう。　　　各4点（8点）

①
```
      4.9
   × 5.8
      3 9 2
   2 4 5
   2 8 4 2
```

②
```
      2.0 3
   ×   0.5
   1 0 1.5
```

（　　　　　）　　　　　　　　　　（　　　　　）

**3** よく出る 計算をしましょう。　　　　　　　　　　　　各4点（24点）

① 21×4.2　　　　② 16×3.5　　　　③ 0.6×2.4

④ 9.5×4.2　　　　⑤ 34.6×0.75　　　⑥ 0.8×0.125

**4** ☐ にあてはまる不等号を書きましょう。　　　　　　　各5点（10点）

① 3.5 ☐ 3.5×0.9　　　　② 1.8×1.2 ☐ 1.8

20

**5** 計算のきまりを使い、くふうして計算しましょう。

各5点(10点)

① 7.2×2.5×4

② 6.5×8.1−3.5×8.1

---

思考・判断・表現 　　　　　　　　 ／40点

**6** よく出る たて 3.6 m、横 6.5 m の長方形の面積は、何 m² ですか。

式·答え 各5点(10点)

式

6.5m
3.6m

答え（　　　　　　　）

**7** よく出る 1 m の重さが 2.3 kg のパイプがあります。このパイプ 5.7 m の重さは何 kg ですか。

式·答え 各5点(10点)

式

答え（　　　　　　　）

**8** 花だん 1 m² に 3.6 L の水をまきます。8.75 m² には何 L の水をまくことになりますか。

式·答え 各5点(10点)

式

答え（　　　　　　　）

**9** ゆりさんは、1 m のねだんが 160 円のリボンを 2.5 m 買いました。ひかるさんは、1 m のねだんが 230 円のリボンを 2.5 m 買いました。ひかるさんのはらった代金は、ゆりさんのはらった代金よりいくら多いですか。

式·答え 各5点(10点)

式

答え（　　　　　　　）

ふりかえり ❶がわからないときは、16 ページの❶にもどって確にんしてみよう。

付録の「計算せんもんドリル」①〜⑦ もやってみよう！

21

5 体積

① 直方体と立方体の体積 -1

教科書 58〜65ページ 答え 8ページ

✏ 次の□にあてはまる数を書きましょう。

 ねらい 体積の意味や表し方を理解しよう。 練習 ①→

🐾 体積

・かさのことを**体積**といいます。

１辺が１cm の立方体の体積を**１立方センチメート ル**といい、**１cm³** と書きます。

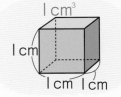

**1** １辺が１cm の立方体を積み重ねた右の直方体の体積を求めましょう。

解き方 体積１cm³ の立方体が何個分あるかで考えます。

１だん目は、2×①□=②□（個）
　たて　　横

これが３だんあるから、③□×3＝④□（個）

答え ⑤□ cm³

 ねらい 公式を使って、直方体や立方体の体積が求められるようにしよう。 練習 ②③④→

🐾 体積を求める公式

直方体の体積 ＝ たて×横×高さ

立方体の体積 ＝１辺×１辺×１辺

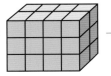
たて　横　高さ

**2** 右の直方体と立方体の体積を求めましょう。

5cm 7cm 6cm

6cm 6cm 6cm

解き方 公式を使って求めます。

(1) 5×①□×②□＝③□
　たて　横　　高さ

答え ④□ cm³

(2) ①□×②□×③□＝④□
　１辺　　１辺　　１辺

答え ⑤□ cm³

**3** 右のような立体の体積を求めましょう。

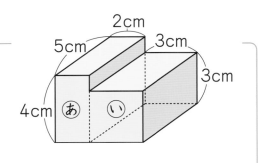
2cm 5cm 3cm 3cm 4cm あ い

解き方 いくつかの立体に分けるか、一部をひいて求めます。

あ…5×2×①□＝②□（cm³）

い…5×3×③□＝④□（cm³）

あといの体積を合わせると、

⑤□＋⑥□＝⑦□（cm³）

答え ⑧□ cm³

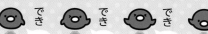
教科書　58〜65 ページ　　答え　8 ページ

**1** １辺が１cm の立方体を使って、右のような形を作りました。
この形の体積は何 cm³ ですか。　　教科書　59 ページ **1**

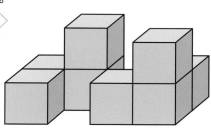

（　　　　　　）

**2** 次の立体の体積を求めましょう。　　教科書　62 ページ **2**

①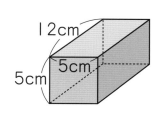
12cm　5cm　5cm

②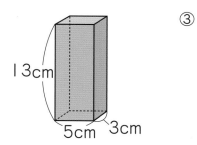
13cm　5cm　3cm

③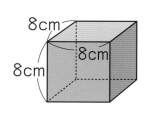
8cm　8cm　8cm

（　　　　　）　　　　（　　　　　）　　　　（　　　　　）

🔍 よくみて

**3** 右のような立体の体積を求めましょう。　　教科書　63 ページ **3**

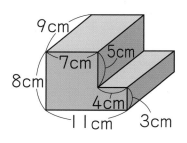
9cm　7cm　5cm　8cm　11cm　4cm　3cm

（　　　　　　）

**4** 右のような立体の体積を求めましょう。　　教科書　63 ページ **3**

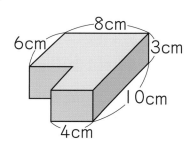
6cm　8cm　3cm　10cm　4cm

（　　　　　　）

● ヒント　③④ 立体を２つの直方体に分けて、それぞれの体積を求め、合計します。

ぴったり1

準備

⑤ 体 積
① 直方体と立方体の体積 -2
② いろいろな体積

学習日　　月　　日

教科書　66〜70ページ　答え　8ページ

✎ 次の□にあてはまる数やことばを書きましょう。

◎ねらい　直方体の高さと体積の関係を調べよう。　　練習 ❶→

直方体のたてと横の長さが決まっているとき、体積は高さに比例します。

**1** 右のように、直方体のたて3cmと横4cmを変えないで、高さを変えると、それにともなって、体積も変わることを調べます。

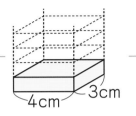

解き方 (1)　高さ○cmを1cmずつ増やすと、体積△cm³がどのように変わるか表に表します。

| 高さ○(cm) | 1 | 2 | 3 | 4 | 5 | |
|---|---|---|---|---|---|---|
| 体積△(cm³) | 12 | ① | ② | ③ | ④ | |

(2)　体積は高さに□しているといえます。

(3)　高さを○cm、体積を△cm³として、高さと体積の関係を式に表すと、

△＝□×○となります。

◎ねらい　大きなものの体積の単位をおぼえよう。　　練習 ❷ ❸ ❹→

1辺が1mの立方体の体積を、**1立方メートル**といい、**1m³**と書きます。
100×100×100＝1000000(cm³)だから、　**1m³＝1000000cm³**
　→1m＝100cm

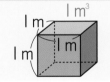

**2** 右の直方体の体積をm³とcm³で表しましょう。

解き方 ・① □×6×2＝② □(m³)
・3m＝③ □cm、6m＝600cm、2m＝200cmだから、
④ □×600×200＝⑤ □(cm³)

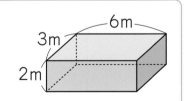

◎ねらい　**容積**について理解しよう。　　練習 ❺→

容器の中にいっぱいに入れた水などの体積を、その容器の**容積**といいます。
　　**1L＝1000cm³　　1m³＝1000L(1kL)**

**3** 右のような直方体の形をした入れ物の容積は、
80×① □×② □＝③ □(cm³)
これは、④ □Lです。

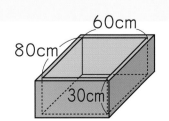

教科書　66〜70 ページ　答え　9 ページ

**1** 直方体の体積が 140 cm³ で、たて5cm、横7cm のときの高さは何 cm ですか。　教科書 66 ページ **4**

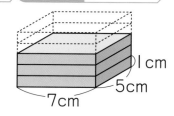

1cm
5cm
7cm

( 　　　　　　 )

**2** 次の直方体や立方体の体積は何 m³ ですか。　教科書 67 ページ **1**

①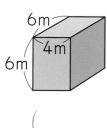

6m
4m
6m

②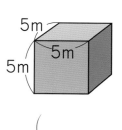

5m
5m
5m

③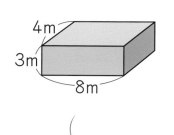

4m
3m
8m

( 　　　 )　( 　　　 )　( 　　　 )

🔍 よくみて

**3** □にあてはまる数を書きましょう。　教科書 68 ページ **2**

① 6 m³ = [　　　　] cm³

② 5000000 cm³ = [　　　　] m³

**4** 次の直方体の体積を求めましょう。　教科書 68 ページ **2**

①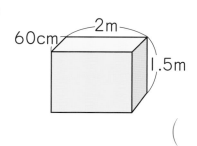

60cm
2m
1.5m

②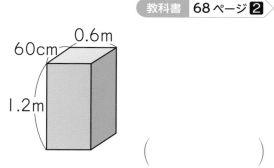

0.6m
60cm
1.2m

( 　　　 )　( 　　　 )

⚠ まちがい注意

**5** 右のような直方体の形をした入れ物があります。容積は何 m³ ですか。
また、それは何 L ですか。　教科書 69 ページ **3**、70 ページ **4**

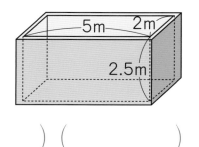

5m
2m
2.5m

( 　　　 )( 　　　 )

💬 ヒント　1 m³ = 1000 L、1 L = 1000 cm³ だから、
1 m³ = 1000 × 1000 = 1000000 cm³ となります。

ぴったり3
確かめのテスト。

⑤ 体 積

時間 30 分
／100
合格 80 点

教科書 58〜72 ページ　答え 9 ページ

**知識・技能**　／75点

**1** 1辺が1cmの立方体を積んで、右の図のような形を作りました。この形の体積は何cm³ですか。　(5点)

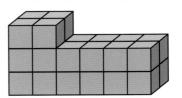

(　　　　　　　　)

**2** ♪く出る □ にあてはまる数を書きましょう。　各5点(10点)

① 7m³＝[　　　　]cm³

② 9000000cm³＝[　　　　]m³

**3** ♪く出る 次の直方体や立方体の体積を求めましょう。　式・答え 各5点(40点)

①

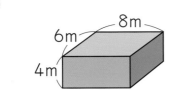

式

答え (　　　　　　　　)

②

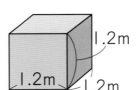

式

答え (　　　　　　　　)

③

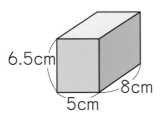

式

答え (　　　　　　　　)

④

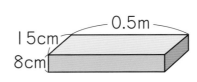

式

答え (　　　　　　　　)

④ 右の展開図を組み立ててできる直方体の体積を求めましょう。　式・答え 各5点(10点)

式

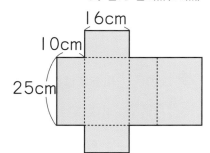

答え（　　　　　　　　）

⑤ たて4cm、横6cm、高さ1cmの直方体があります。この直方体をいくつか積み上げていくと、体積が120cm³になりました。このときの高さは何cmですか。

式・答え 各5点(10点)

式

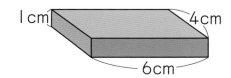

答え（　　　　　　　　）

---

**思考・判断・表現**　　　　　　　　　　　　　　　　／25点

⑥ よく出る 右のような立体の体積を求めましょう。　式・答え 各5点(10点)

式

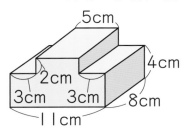

答え（　　　　　　　　）

⑦ 右のような直方体の形をした容器を作りました。容積は何cm³ですか。また、それは何Lですか。

式・答え 各5点(15点)

式

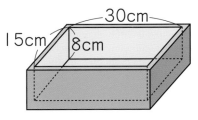

答え（　　　　　　　）（　　　　　　　）

ふりかえり ① がわからないときは、22ページの ① にもどって確にんしてみよう。

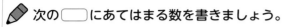

教科書 73〜78 ページ　答え 10 ページ

✎ 次の ◯ にあてはまる数を書きましょう。

◎ねらい　小数でわるときの考え方を理解しよう。　練習 ①②③→

🐾 60÷1.5 の商の求め方

60÷1.5 の商は、わられる数とわる数を 10 倍した、600÷15 を計算して求められます。

$$60÷1.5=□ \atop {\downarrow 10倍 \quad \downarrow 10倍}$$
$$600÷15=40$$　等しい

**1** テープ 1.6 m の代金が 72 円でした。このテープ 1 m のねだんはいくらですか。

解き方　1.6 m の 10 倍の 16 m のねだんを考えます。

❶ 1 m のねだんは、代金÷長さ＝1mのねだん で求められます。式は、72÷◯① となります。

❷ 16 m の代金を調べて、1 m のねだんを求めましょう。16 m の代金は、◯② 円だから、
1 m のねだんは、
720÷◯③ ＝45

答え　45 円

❸ 計算のしかたをまとめると、
$$72÷1.6＝(72×◯④)÷(1.6×◯⑤)$$
$$＝◯⑥ ÷ ◯⑦$$
$$＝◯⑧$$

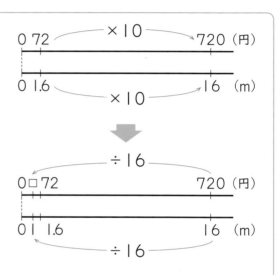

◎ねらい　整数÷小数 の計算を筆算でできるようにしよう。　練習 ④→

🐾 84÷1.2 の筆算のしかた

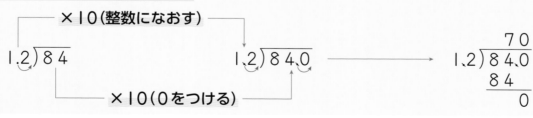

**2** (1) 　◯
　　　5.6)28

(2) 　◯
　　　2.5)65

(3) 　◯
　　　0.4)14

(3)は、商が 14 より大きいね。

教科書 73〜78 ページ　答え 10 ページ

**1** リボン 1.8 m の代金が 81 円でした。このリボン 1 m のねだんを求めます。

教科書 73 ページ **1**

① リボン 1 m のねだんを求める式を書きましょう。

（　　　　　　　　）

② このリボン 18 m の代金はいくらですか。

（　　　　　　　　）

③ このリボン 1 m のねだんはいくらですか。

（　　　　　　　　）

**2** □ にあてはまる数を書きましょう。

教科書 73 ページ **1**、77 ページ **2**

① $39 \div 1.3$

$= \left(39 \times \boxed{⑦}\right) \div \left(1.3 \times \boxed{④}\right)$

$= \boxed{⑨} \div 13$

$= \boxed{⑤}$

② $52 \div 0.4$

$= \left(52 \times \boxed{⑦}\right) \div \left(0.4 \times \boxed{④}\right)$

$= 520 \div \boxed{⑨}$

$= \boxed{⑤}$

**よくよんで**

**3** 0.4 m のプラスチックのぼうの重さをはかったら、36 g でした。このぼう 1 m の重さは何 g ですか。

教科書 77 ページ **2**

式

答え（　　　　　　　　）

**4** 計算をしましょう。

教科書 78 ページ **3**

① $4.6\overline{)23}$

② $3.5\overline{)63}$

③ $4.8\overline{)72}$

④ $4.5\overline{)270}$

⑤ $0.8\overline{)20}$

⑥ $0.7\overline{)98}$

**ヒント** **4** わる数の小数点を右にずらしたら、わられる数も同じだけずらすのをわすれないようにしましょう。

# ぴったり1 準備

⑥ 小数のわり算

② 小数÷小数
③ 商の大きさ

教科書 79〜83ページ　　答え 10ページ

✎ 次の ⬭ にあてはまる数やことばを書きましょう。

🎯ねらい　小数÷小数 の計算を筆算でできるようにしよう。　　練習 ①②➡

🐾 小数を小数でわる筆算のしかた

❶ わる数の小数点を右に移して、整数になおします。

❷ わられる数の小数点も、わる数の小数点と同じけた数だけ右に移します。

❸ わる数が整数のときと同じように計算し、商の小数点は、わられる数の右に移した小数点にそろえてうちます。

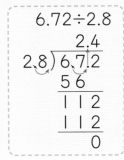

1 4.8÷3.2 の商は、わられる数とわる数の両方を 10倍すると、⬭①÷32 となり、この式の商が、答えになります。

答え ⬭②

小数点を右に1つ移すということは、10倍するってことか。

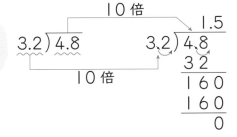

2 次の計算を筆算でしましょう。

(1) 9.88÷2.6　　　　　　　　(2) 0.624÷0.24

解き方 (1)　⬭

(2)　⬭

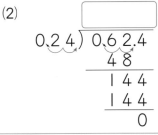

🎯ねらい　商とわられる数の関係を理解しよう。　　練習 ③➡

🐾 商とわられる数の大小関係

★わる数が1より小さいとき、商はわられる数より大きくなります。

★わる数が1より大きいとき、商はわられる数より小さくなります。

$$3.6 \div 0.8 = 4.5$$
1より小さい　　3.6 より大きくなる

$$3.6 \div 2.4 = 1.5$$
1より大きい　　3.6 より小さくなる

3 次の計算で、商は 2.4 と比べると大きくなるでしょうか、小さくなるでしょうか。

(1) 2.4÷4.8　　　　　　　　(2) 2.4÷0.6

解き方 (1)　4.8 は1より ⬭① から、商は 2.4 より ⬭② なります。

(2) 0.6 は1より ⬭① から、商は 2.4 より ⬭② なります。

★ できた問題には、「た」を書こう！★

でき ① でき ② でき ③

学習日　　　　月　　　日

教科書　79〜83ページ　　答え　10ページ

## 1 筆算でしましょう。

教科書　79ページ 1、80ページ 2、81ページ 3

① 7.2÷1.8

② 43.2÷2.4

③ 1.92÷0.4

④ 5.58÷9.3

⑤ 30.36÷0.6

⑥ 0.828÷0.36

⑦ 8.7÷1.45

⑧ 7.8÷0.65

小数点を移すときは、わられる数とわる数で同じけた数だけ移すんだね。

## 2 1.6 m の鉄のパイプの重さをはかったら、12.8 kg でした。この鉄のパイプ1m の重さは何 kg ですか。

教科書　79ページ 1

式

答え（　　　　　　　　）

## !まちがい注意

## 3 商がわられる数より大きくなるのはどれですか。記号で全て答えましょう。

教科書　83ページ 1

あ 7.6÷1.9

い 0.36÷0.9

う 5.4÷0.6

え 0.84÷1.4

（　　　　　　　　）

ヒント　③ わる数が1より大きいか小さいかを考えよう。

31

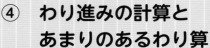
✏ 次の □ にあてはまる数を書きましょう。

**◎ねらい** わり進みの計算ができるようにしよう。　　練習 **1 4**→

　小数でわる計算でわり進むには、わられる数の小数部分に0をつけたし、あまりが0になるまでわり進みます。

**1** (1) 25.9÷7.4　(2) 2.4÷3.2　をわりきれるまで計算しましょう。

**解き方** (1) □

```
7.4)25.9
    222
    370  ←0をつけたします。
    370
      0
```

(2) □

```
3.2)2.4.0  ←0をつけたします。
    224
    160  ←0をつけたします。
    160
      0
```

**◎ねらい** あまりのある小数のわり算ができるようにしよう。　　練習 **2 5**→

　小数のわり算では、あまりの小数点は、わられる数のもとの小数点にそろえてうちます。

[答えの確かめ] 2.3 × 3 + 0.5 = 7.4
　　　　　　　　わる数　商　あまり　わられる数

```
      3
2.3)7.4   →   2.3)7.4
    69            69
     5           0.5
              3 あまり 0.5
```

**2** 8.1÷2.6 の計算で、商を $\frac{1}{10}$ の位まで求めて、あまりもだしましょう。

```
      3.1
2.6)8.1
    78
    30
    26
   0.04  ←0を書きたします。
```

**解き方** 右の計算から、商は 3.1、あまりは □ となります。

**◎ねらい** 商をがい数で表すことができるようにしよう。　　練習 **3**→

　商を四捨五入して、$\frac{1}{10}$ の位まで求めるときには、商を $\frac{1}{100}$ の位まで求め、$\frac{1}{100}$ の位で四捨五入します。

**3** 4.8÷2.3 の商を四捨五入して、$\frac{1}{10}$ の位まで求めましょう。

```
      2.08
2.3)4.8
    46
    200
    184
     16
```

**解き方** 右のように、筆算で商を $\frac{1}{100}$ の位まで求めると、2.08…となります。

① □ の位で四捨五入して、2.08…となって、答えは、② □ です。

教科書 84〜86 ページ　答え 11 ページ

**1** わりきれるまで計算しましょう。　教科書 84 ページ **1**
① 8÷3.2　　　② 5.1÷6.8　　　③ 0.45÷0.6

**！まちがい注意**

**2** 商を $\frac{1}{10}$ の位まで求めて、あまりもだしましょう。　教科書 85 ページ **2**
① 10.8÷6.2　　　　　　② 3.5÷0.62

**3** 商を四捨五入して、$\frac{1}{10}$ の位まで求めましょう。　教科書 86 ページ **3**
① 23.4÷9.2　　　　　　② 0.82÷0.14

（　　　　　　　）　　　　（　　　　　　　）

**📖よくよんで**

**4** 面積が 28.8 m² の長方形の土地があります。横の長さが 6.4 m です。たての長さは何 m ですか。　教科書 84 ページ **1**
式

答え（　　　　　　　）

**5** 23.6 L の牛にゅうを 1.8 L 入りのびんに移しかえます。1.8 L のびんは何本できますか。また、牛にゅうは何 L あまりますか。　教科書 85 ページ **2**
式

答え（　　　　　　　）

**ヒント** ③ 四捨五入するのは、$\frac{1}{100}$ の位です。

教科書 87〜89ページ　答え 12ページ

✏ 次の◯◯にあてはまる数を書きましょう。

◎ねらい　かんたんな数の場合で考え、式を立てることができるようになろう。　練習①→

かんたんな数の場合で、わる数とわられる数が何か考えてみます。

**1** 3.2 m の重さが 0.4 kg のはり金があります。

(1) このはり金 1 m の重さは何 kg ですか。

(2) このはり金 1 kg の長さは何 m ですか。

解き方 (1) もし、3 m の重さが 6 kg だったら、1 m の重さは、6÷3 = 2 (kg)です。

だから、このはり金 1 m の重さを求める式は、

①◯◯◯ ÷ ②◯◯◯ で、答えは ③◯◯◯ kg です。

(2) もし、8 m の重さが 2 kg だったら、1 kg の長さは、8÷2 = 4 (m)です。

だから、このはり金 1 kg の長さを求める式は、

①◯◯◯ ÷ ②◯◯◯ で、答えは ③◯◯◯ m です。

◎ねらい　何倍かを求めるときは、わり算を使えばよいことを理解しよう。　練習②→

🐾 何倍の求め方

ある大きさが、もとにする量の何倍にあたるかは、**(ある大きさ)÷(もとにする量)** で
求められます。

**2** 青いリボンの長さは 4.5 m で、赤いリボンの長さは 2.5 m です。青いリボンの長さは、赤いリボンの長さの何倍ですか。

解き方 もとにする量は、赤いリボンの長さだから、

①◯◯◯ ÷2.5 = ②◯◯◯　答え ③◯◯◯ 倍

長さ　0　　　赤 2.5　　　青 4.5　(m)

倍　　0　　　　1　　　　□　(倍)

◎ねらい　小数倍の計算ができるようにしよう。　練習③④→

🐾 小数倍にあたる大きさの求め方

ある大きさが、もとにする量の▲倍にあたるとき、ある大きさは、

**(もとにする量)×▲=(ある大きさ)** で求められます。

**3** 青いリボンの長さは 3.5 m で、白いリボンの長さは、青いリボンの長さの 2.2 倍です。
白いリボンの長さは何 m ですか。

解き方 もとにする量は、青いリボンの長さだから、

3.5×2.2 = ①◯◯◯　答え ②◯◯◯ m

長さ　0　　　青 3.5　　　白□　(m)

倍　　0　　　　1　　　　2.2　(倍)

ぴったり 2
練習

学習日
月　　日

★ できた問題には、「た」を書こう！★
でき ① でき ② でき ③ でき ④

教科書 87〜89 ページ　答え 12 ページ

**1** ある自動車は、3.4 L のガソリンで 27.2 km 走ります。　教科書 87 ページ **1**

① この自動車は、1 L で何 km 走りますか。

式

答え（　　　　　　　　）

② この自動車は、1 km 走るのにガソリンが何 L 必要ですか。

式

答え（　　　　　　　　）

**！まちがい注意**

**2** 右の表は、水とう、ポット、やかんのそれぞれに何 L の水が入るかを調べてまとめたものです。　教科書 88 ページ **1**

① ポットには、やかんの何倍の水が入りますか。

式

答え（　　　　　　　　）

② 水とうには、やかんの何倍の水が入りますか。

式

答え（　　　　　　　　）

| | 水の量（L） |
|---|---|
| 水とう | 0.6 |
| ポット | 2.4 |
| やかん | 1.5 |

**3** 長方形の形をした花だんがあります。たての長さは 1.4 m で、横の長さはたての長さの 2.5 倍です。　教科書 89 ページ **2**

① 花だんの横の長さは何 m ですか。

式

答え（　　　　　　　　）

② 花だんの面積は何 m² ですか。

式

答え（　　　　　　　　）

**4** 赤いテープの長さは 3.5 m で、緑のテープの長さは、赤いテープの長さの 0.8 倍です。緑のテープの長さは何 m ですか。　教科書 89 ページ **2**

式

答え（　　　　　　　　）

**ヒント**　② 何倍かを求めるときは、わり算を使います。

35

**6** 小数のわり算

## ⑥ 小数倍とかけ算、わり算 -2

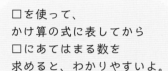

教科書 90〜91 ページ 　答え 12 ページ

✎ 次の □ にあてはまる数や記号を書きましょう。

◎ねらい もとにする量を求められるようにしよう。

練習 ① ② ③ →

🐾 もとにする量の求め方

　ある大きさが、もとにする量の▲倍にあたるときの式
| もとにする量 | ×▲＝ | ある大きさ | に、**もとにする量を**
□ **として**あてはめて求めます。

□ を使って、
かけ算の式に表してから
□ にあてはまる数を
求めると、わかりやすいよ。

**1** ジュースが 3.6 L あります。これは、水の量の 1.5 倍にあたります。
水は何 L ありますか。

解き方 もとにする量は、水の量です。

　水の量を □ L とすると、次のようなかけ算の
式に表せます。

　　□ ×1.5＝3.6

□ にあてはまる数は、

　　□ ＝ ① 　　　 ÷1.5

　　　 ＝ ② 　　　 　　　 答え ③ 　　　 L

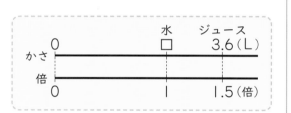

◎ねらい 倍を使って比(くら)べる方法を考えよう。

練習 ④ →

もとにする量がちがうときは、倍を使って比べることがあります。

**2** 長さ6cm のばねあと、4.8 cm のばねⓘがあります。それぞれに同じおもりをのせると、
あは 7.2 cm、ⓘは6cm までのびました。
　どちらがより、長さがのびたといえますか。

解き方 もとにする長さがちがうので、それぞれ何倍に
なったかで比べます。

　あ… ① 　　　 ÷ ② 　　　 ＝ ③ 　　　 （倍）

　ⓘ… ④ 　　　 ÷ ⑤ 　　　 ＝ ⑥ 　　　 （倍）

だから、 ⑦ 　　　 のほうがより長くのびたといえます。

のびた長さ
　あ…7.2 － 6 ＝ 1.2（cm）
　ⓘ…6 － 4.8 ＝ 1.2（cm）

どちらも 1.2cm ずつ
のびているね。
同じかな…？

教科書　90〜91 ページ　　答え　12 ページ

**1** ゆうさんは、リボンを 2.4 m 使いました。これは、妹の使ったリボンの長さの 3.2 倍です。妹は何 m 使いましたか。

教科書　90 ページ 🇧

式

もとにする量を求めるんだね。

答え（　　　　　　　）

**2** けんじさんの体重は 36.3 kg で、弟の体重の 1.5 倍です。弟の体重は何 kg ですか。

教科書　90 ページ 🇧

式

答え（　　　　　　　）

**3** 水が 1.8 L 入るポットがあります。これは水そうに入る水の量の 0.4 倍にあたります。水そうに入る水の量は何 L ですか。

教科書　90 ページ 🇧

式

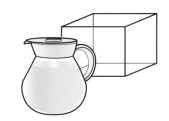

答え（　　　　　　　）

**4** 5 年前に、まなみさんの体重は 36 kg、弟の体重は 25 kg でした。今のまなみさんの体重は 45 kg、弟の体重は 34 kg です。
　どちらがより、体重が増えたといえますか。

教科書　91 ページ 🇩

式

答え（　　　　　　　）

ヒント　② もとにする量は、弟の体重です。

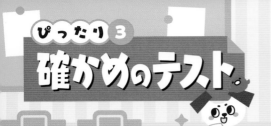

ぴったり3
確かめのテスト。

⑥ 小数のわり算

時間 30 分
／100
合格 80 点

教科書 73〜93 ページ　答え 12 ページ

知識・技能 ／70点

**1** 816÷48＝17 を使って、次の計算の答えを求めましょう。　各5点(10点)

① 816÷4.8

② 81.6÷4.8

(　　　　　)

(　　　　　)

**2** よく出る 計算をしましょう。③〜⑥はわりきれるまで計算しましょう。　各5点(30点)

① 54÷1.2

② 3.12÷2.4

③ 0.205÷0.82

④ 6.5÷0.4

⑤ 12÷4.8

⑥ 5.2÷6.5

**3** 商を $\frac{1}{10}$ の位まで求めて、あまりもだしましょう。　各5点(10点)

① 8.5÷3.2

② 0.97÷4.3

**4** ☐ にあてはまる不等号を書きましょう。　各5点(10点)

① 7.2÷0.8 ☐ 7.2

② 4.8÷1.6 ☐ 4.8

**5** 商を四捨五入して、$\frac{1}{10}$ の位まで求めましょう。　　各5点(10点)

① 5.7÷0.9

② 37.2÷5.1

(　　　　　)　　(　　　　　)

---

思考・判断・表現　　/30点

**6** 2.7 L の牛にゅうを 0.2 L ずつコップについでいきます。0.2 L 入ったコップは何個できて、何 L の牛にゅうが残りますか。　　式・答え 各5点(10点)

式

答え (　　　　　)

**7** 2.4 m の鉄のぼうの重さをはかったら、2.8 kg でした。この鉄のぼう 1m の重さは何 kg ですか。商を四捨五入して、$\frac{1}{10}$ の位まで求めましょう。　　式・答え 各5点(10点)

式

答え (　　　　　)

**できたらスゴイ!**

**8** **よく出る** 庭でさつまいもが 11.4 kg とれました。これは去年とれた量の 1.2 倍です。去年とれたさつまいもは何 kg でしたか。　　式・答え 各5点(10点)

式

答え (　　　　　)

**ふりかえり** ❶がわからないときは、28 ページの❶にもどって確にんしてみよう。

付録の「計算せんもんドリル」 8〜17 もやってみよう!

教科書 96〜100ページ　答え 14ページ

✐ 次の ▢ にあてはまる数や記号を書きましょう。

◎ねらい 合同な図形を見つけられるようにしよう。　練習 ❶→

🐾 合同な図形

★ぴったり重ね合わせることのできる2つ
の図形は、**合同**であるといいます。

★うら返してぴったり重ね合わせることがで
きる2つの図形も、合同であるといいます。

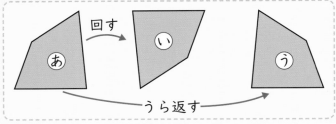

**1** 右の図で、㋐の四角形と合同な四角形は
どれですか。㋐の四角形をうすい紙に写し
取って重ねてみましょう。

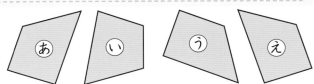

解き方 うすい紙に写し取って重ねてみます。うら返すと重なるものもあります。

㋐の四角形と合同な四角形は ▢ と ▢ の四角形です。

◎ねらい 合同な図形の特ちょうを理解しよう。　練習 ❷ ❸→

🐾 合同な図形の特ちょう

★合同な図形では、重なり合う頂点、辺、角を、それぞ
れ**対応する頂点**、**対応する辺**、**対応する角**といいます。

★合同な図形では、対応する辺の長さは等しく、対応す
る角の大きさも等しくなっています。

対応する頂点
対応する角
対応する辺

**2** 右の2つの四角形は合同です。

(1) 頂点Aに対応する頂点は、頂点 ▢ です。

(2) 角Cに対応する角は、角 ▢ です。

(3) 辺EHの長さは ▢ cm です。

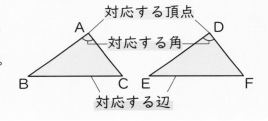

◎ねらい 対角線で分けた形を調べよう。　練習 ❹→

平行四辺形とひし形にそれぞれ1本の対角線を
ひくと、できる2つの三角形は合同になります。

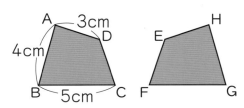
平行四辺形　ひし形

**3** 右の図は、ひし形に2本の対角線をひいたものです。

(1) 三角形ABEと合同な三角形は、三角形 ▢ 、

三角形 ▢ 、三角形 ▢ の3つあります。

(2) 三角形ABDと合同な三角形は、三角形 ▢ です。

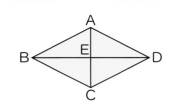

📖 教科書　96～100 ページ　✏️ 答え　14 ページ

**①** 次の三角形の中から、あと合同なもの、ⓘと合同なものを選びましょう。

教科書　97 ページ **1**

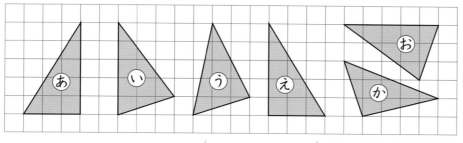

あと合同なもの （　　　　　　　）　　　　ⓘと合同なもの （　　　　　　　）

**②** 右の２つの三角形は合同です。

教科書　99 ページ **2**

① 頂点Ａに対応する頂点はどれですか。

（　　　　　　　）

② 辺ＦＤの長さは何 cm ですか。

（　　　　　　　）

③ 角Ｄの大きさは何度ですか。

（　　　　　　　）

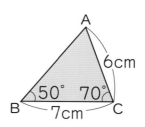
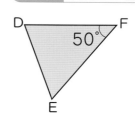

🔍 **よくみて**

**③** 右の２つの四角形は合同です。

教科書　99 ページ **2**

① 頂点Ａに対応する頂点はどれですか。

（　　　　　　　）

② 辺ＣＤに対応する辺はどれですか。

（　　　　　　　）

③ 辺ＥＨの長さは何 cm ですか。

（　　　　　　　）

④ 角Ｈの大きさは何度ですか。

（　　　　　　　）

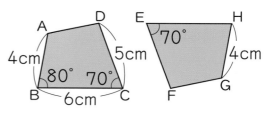

まず、等しい角に目をつけて、対応する頂点を見つけよう。

**④** 右の図のように、長方形に２本の対角線をひきます。

教科書　100 ページ **3**

① 三角形ＥＡＤと合同な三角形はどれですか。

（　　　　　　　）

② 三角形ＡＢＣと合同な三角形は、いくつありますか。

（　　　　　　　）

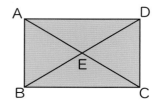

 ❷ ② 頂点Ｆに対応する頂点は頂点Ｂ、頂点Ｄに対応する頂点は頂点Ｃです。

✏ 次の ◯ にあてはまることばや記号を書きましょう。

**ねらい** 合同な三角形のかき方を理解しよう。　練習 ① ② →

🐾 **合同な三角形のかき方**

㋐　3つの辺の長さを使う。

㋑　2つの辺の長さと、その間の角の大きさを使う。

㋒　1つの辺の長さと、その両はしの2つの角の大きさを使う。

**1** 右の三角形の中で、わかっている辺の長さや角の大きさを使うと合同な三角形がかけるのは、㋐〜㋒のどれですか。

㋐ 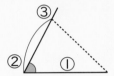 5cm　70°　6cm

㋑ 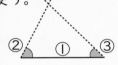 80°　45°　55°

㋒ 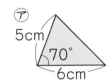 8cm　60°　40°

**解き方** ㋐　2つの辺の長さと、その間の ①◯ の大きさがわかっているので、②◯ 。

㋑　3つの角の大きさがわかっているが、辺の長さがどこもわかってないので、③◯ 。

㋒　1つの辺の長さと、その両はしの2つの ④◯ の大きさがわかっているので、かける。

答え ⑤◯ と ⑥◯

**ねらい** 合同な四角形のかき方を理解しよう。　練習 ③ →

🐾 **合同な四角形のかき方**

㋐　3つの辺の長さと、その間の2つの角の大きさを使ってかく。  5cm　7cm　80°　75°　8cm

㋑　四角形を対角線で2つの三角形に分けて、頂点をみつけてかく。  5.6cm　7cm　5cm　8.6cm　8cm

**2** 右の四角形と合同な四角形がかけるのは、㋐〜㋒のどれですか。

㋐ 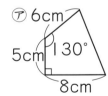 6cm　5cm　130°　8cm

㋑ 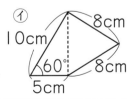 8cm　10cm　60°　8cm　5cm

㋒ 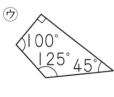 100°　125°　45°

**解き方** ㋐　3つの ①◯ の長さとその間の2つの角の大きさがわかっているので、②◯ 。

㋑　対角線で2つの ③◯ に分けられていて、④◯ の大きさと4つの辺の長さがわかっているので、⑤◯ 。

㋒　4つの角の大きさがわかっているが、⑥◯ の長さがわからないので、⑦◯ 。

答え ⑧◯ と ⑨◯

ぴったり 2
# 練習

★ できた問題には、「た」を書こう！★
でき ① でき ② でき ③

学習日　　月　　日

教科書 101〜104 ページ　答え 14 ページ

**1** 次の三角形と合同な三角形をかきましょう。

教科書 101 ページ **1**

①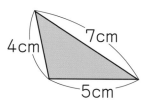

②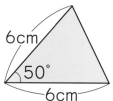

**2** 次の三角形の中で、わかっている辺の長さや角の大きさを使うと、合同な三角形がかけるのはどれですか。あ〜うの記号で答えましょう。

教科書 101 ページ **1**

あ 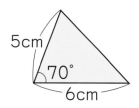　　い 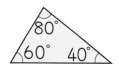　　う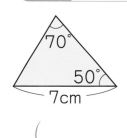

（　　　　　）

📖 よくよんで

**3** 右の図の四角形と合同な四角形をかきます。

教科書 104 ページ **2**

① あとどこの角の大きさがわかれば、合同な四角形がかけますか。

（　　　　　）

② 四角形を対角線で2つの三角形に分けてかくとき、どの対角線の長さがわかれば、合同な四角形をかけますか。

（　　　　　）

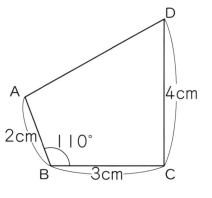

 **2** 三角形の3つの角の大きさの和は180°なので、2つの角がわかれば残りの角の大きさは、計算で求められます。

ぴったり③
確かめのテスト

7 合同な図形

時間 30 分
／100
合格 80 点

教科書 96〜106 ページ 　答え 15 ページ

知識・技能 ／50点

**1** ☐ にあてはまることばを書きましょう。　各5点(10点)

① ぴったり重ね合わせることのできる２つの図形は、☐ であるという。

② 合同な図形では、対応する辺の長さや対応する角の大きさは ☐ 。

**2** よく出る 次の図形のうち、合同な図形をすべて見つけましょう。　各5点(10点)

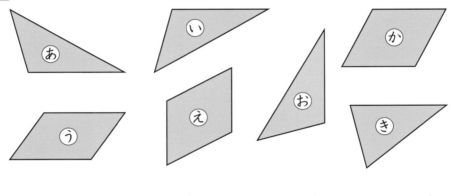

三角形 (　　　　　　　　　　) 　四角形 (　　　　　　　　　　)

**3** よく出る 次の三角形をかきましょう。　各10点(20点)

① ３つの辺の長さが５cm、4.5 cm、３cm の三角形

② １つの辺の長さが６cm、その両はしの ２つの角の大きさが60°、45°の三角形

**4** 次の図の四角形のうちで、1本の対角線で分けると、合同な三角形が2つできるのはどれですか。あ～えの記号で答えましょう。

(10点)

あ

台形

い

平行四辺形

う

ひし形

え
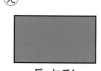
長方形

（　　　　　　　　　）

思考・判断・表現　　　　　　　　　　　　　　　　　　　／50点

**5** 次のような四角形と合同な四角形をかきましょう。

各10点(20点)

①
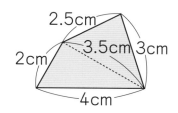
2.5cm
3.5cm 3cm
2cm
4cm

②
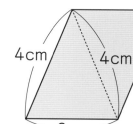
4cm　4cm
3cm
平行四辺形

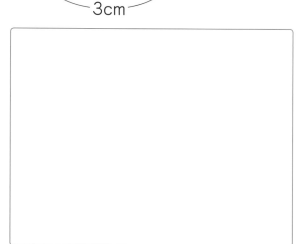

**6** よく出る 右の2つの四角形は合同です。次の角の大きさや辺の長さを書きましょう。

各10点(30点)

① 角Eの大きさ

（　　　　　　　　　）

② 辺EFの長さ

（　　　　　　　　　）

③ 辺GHの長さ

（　　　　　　　　　）

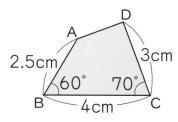
D
A
2.5cm　3cm
60°　70°
B　4cm　C

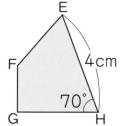
E
F　4cm
70°
G　H

④ がわからないときは、40ページの 1 にもどって確にんしてみよう。

# ぴったり① 準備

3分でまとめ

**8** 整数の性質

① 偶数と奇数
② 倍数と公倍数

学習日　　　　月　　　日

教科書 109〜114 ページ　答え 15 ページ

✏ 次の ☐ にあてはまる数を書きましょう。

**◎ねらい** 偶数と奇数について理解しよう

練習 ①→

**🐾 偶数と奇数の意味**

整数を2でわったとき、わりきれる数を**偶数**といい、わりきれない数を**奇数**といいます。0は偶数とします。

偶数　$8 = 2 \times \square$ ⌐1あまる
奇数　$9 = 2 \times \square + 1$

**1** 次の数を、偶数と奇数に分けましょう。

0、1、9、24、47、65、100、198

**解き方** 2でわります。わりきれれば偶数で、わりきれなければ奇数です。

偶数は、① ☐ 、② ☐ 、③ ☐ 、④ ☐ の4つです。

奇数は、⑤ ☐ 、⑥ ☐ 、⑦ ☐ 、⑧ ☐ の4つです。

**◎ねらい** 倍数の意味を理解し、倍数を求められるようにしよう。

練習 ②→

3、6、9、……のように、3に整数をかけてできた数を3の**倍数**といいます。
0は倍数に入れないことにします。

**2** 4の倍数を、小さいほうから順に4つ書きましょう。

**解き方** 4に1から順に整数をかけます。$4 \times 1 = $ ① ☐ 、$4 \times 2 = $ ② ☐ 、

$4 \times 3 = $ ③ ☐ 、$4 \times 4 = $ ④ ☐ 　　　答え ⑤ ☐

**◎ねらい** 公倍数、最小公倍数の意味を理解し、求められるようにしよう。

練習 ③〜⑥→

**🐾 公倍数と最小公倍数**

★6、12、18、……のように、2と3の共通な倍数を、2と3の**公倍数**といいます。
★公倍数の中で、一番小さい数を**最小公倍数**といいます。

**3** 4と6の公倍数を小さいほうから順に3つと、4と6の最小公倍数を書きましょう。

**解き方** 6の倍数の中から4の倍数を見つけます。

6の倍数を小さいほうから順に書くと、6、① ☐ 、② ☐ 、24、30、36、……です。

この中で4の倍数は、③ ☐ 、24、④ ☐ 、……です。

このうちで一番小さい数、すなわち最小公倍数は ⑤ ☐ です。

また、4と6の公倍数は ⑥ ☐ の倍数になっています。

答え　公倍数 ⑦ ☐
最小公倍数 ⑧ ☐

ぴったり②
練習

★できた問題には、「た」を書こう！★
でき① でき② でき③ でき④ でき⑤ でき⑥

学習日　　月　　日

教科書 109〜114 ページ　答え 15 ページ

**よくみて**

**①** 次の整数を、偶数と奇数に分けましょう。

0、33、79、146、368、501、725、904

教科書 109 ページ **1**

偶数 (　　　　　　　　　　　　　)

奇数 (　　　　　　　　　　　　　)

**②** 次のそれぞれの数の倍数を、小さいほうから順に5つずつ書きましょう。

教科書 111 ページ **1**

① 6　　　　　　　　　　　　　　② 11

(　　　　　　　　　　)　　　(　　　　　　　　　　)

**③** 3と5の公倍数を、小さいほうから順に5つ書きましょう。

教科書 113 ページ **2**

(　　　　　　　　　　)

**④** (　)の中の数の最小公倍数を求めましょう。

教科書 113 ページ **2**

① (4　9)　　　　　　　　　　② (6　10)

(　　　　　　　)　　　　　(　　　　　　　)

**⑤** 2、3、6の3つの数の公倍数を、小さいほうから2つ見つけましょう。

教科書 113 ページ **2**

2の倍数　0 1 2 3 4 5 6 7 8 9 10 11 12 13 14 15 16

3の倍数　0 1 2 3 4 5 6 7 8 9 10 11 12 13 14 15 16

6の倍数　0 1 2 3 4 5 6 7 8 9 10 11 12 13 14 15 16

(　　　　　　　　　　)

**！まちがい注意**

**⑥** 電車は4分おきに、バスは7分おきに発車します。午前9時に電車とバスが同時に出発しました。

教科書 114 ページ **3**

① 次に同時に出発する時こくを答えましょう。

(　　　　　　　　　　)

② ①のあと、午前11時までに同時に出発することは、何回ありますか。

(　　　　　　　　　　)

**ヒント** ⑥ 4と7の公倍数が、同時に出発する時間を表しています。

⑧ 整数の性質

③ 約数と公約数

📗 教科書 115〜118 ページ 　✏️ 答え 16 ページ

✏️ 次の ⬜ にあてはまる数を書きましょう。

**🎯 ねらい** 約数の意味を理解し、約数を求められるようにしよう。　練習 ①→

1、2、3、4、6、12 のように、12 をわりきることのできる整数を、12 の **約数** といいます。

**1** 16 の約数を全部書きましょう。

【解き方】 16 を 1、2、3、……で順にわります。

16÷1＝①⬜ 、16÷2＝②⬜ 、

16÷4＝③⬜ 、……と調べると、

16 の約数は、小さいほうから順に、

1、④⬜ 、⑤⬜ 、⑥⬜ 、16 の 5 つです。

> 1 ともとの整数は、かならず約数になるよ。

**🎯 ねらい** 公約数、最大公約数の意味を理解し、求められるようにしよう。　練習 ② ③ ④→

**🐾 公約数と最大公約数**

⭐ 1、2、4 のように、8 と 12 の共通な約数を、8 と 12 の **公約数** といいます。

⭐ 公約数の中で、一番大きい数を **最大公約数** といいます。

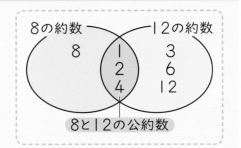

**2** 12 と 18 の公約数を全部と、12 と 18 の最大公約数を書きましょう。

【解き方】 12 と 18 それぞれの約数を見つけます。

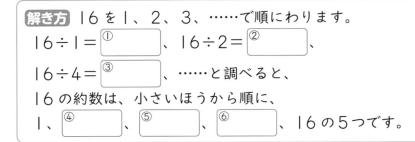

12 の約数は、1、①⬜ 、②⬜ 、③⬜ 、④⬜ 、12 です。

18 の約数は、1、⑤⬜ 、⑥⬜ 、⑦⬜ 、9、18 です。

この中で公約数は、1、⑧⬜ 、⑨⬜ 、⑩⬜ です。

だから、12 と 18 の最大公約数は ⑪⬜ です。

ぴったり2
# 練習
★ できた問題には、「た」を書こう！★
でき 1　でき 2　でき 3　でき 4

学習日
月　　日

教科書 115〜118 ページ ▷ 答え 16 ページ

**1** 次のそれぞれの数の約数を、小さいほうから順に全部書きましょう。

教科書 115 ページ **1**

① 17

② 24

（　　　　　　　　　　）　（　　　　　　　　　　）

**！まちがい注意**

**2** 次の2つの数の公約数を、小さいほうから順に全部書きましょう。また、最大公約数も書きましょう。

教科書 115 ページ **1**、117 ページ **2**

① 6、12

公約数 （　　　　　　　　）　最大公約数 （　　　　　）

② 18、24

公約数 （　　　　　　　　）　最大公約数 （　　　　　）

**3** 12、16、20 の3つの数の公約数を全部書きましょう。また、最大公約数も書きましょう。

教科書 117 ページ **2**

12の約数　0 1 2 3 4 5 6 7 8 9 10 11 12

16の約数　0 1 2 3 4 5 6 7 8 9 10 11 12 13 14 15 16

20の約数　0 1 2 3 4 5 6 7 8 9 10 11 12 13 14 15 16 17 18 19 20

公約数 （　　　　　　　　）　最大公約数 （　　　　　）

**4** えん筆が 36 本、けしゴムが 24 個あります。
このえん筆とけしゴムの両方を、何人かの子どもに、あまりがないように分けます。
できるだけ多くの子どもに同じ数ずつ分けると、何人の子どもに分けられますか。

教科書 118 ページ **3**

（　　　　　　　　　　）

**ヒント**
**1** たとえば、18 の約数の場合、1、2、3、6 まで見つけて、あとは 1 2 3 6 9 18 のように、それぞれかけて 18 になるものを見つけます。

ぴったり3
確かめのテスト。

⑧ 整数の性質

時間 30 分
／100
合格 80 点

教科書 109～120 ページ　答え 16 ページ

知識・技能　　　　　　　　　　　　　　　　　　　　　　　　　　　　／50点

**1** 次の数を、偶数と奇数に分けましょう。　各5点(10点)
0、8、11、29、112、357

偶数 (　　　　　　　　　　)　　奇数 (　　　　　　　　　　)

**2** よく出る (　)の中の数の公倍数を、小さいほうから順に3つ書きましょう。　各5点(10点)
① (6　9)　　　　　　　　　　② (3　8)

(　　　　　　　　)　　　　　(　　　　　　　　)

**3** よく出る (　)の中の数の公約数を、全部書きましょう。　各5点(10点)
① (6　18)　　　　　　　　　② (10　40)

(　　　　　　　　)　　　　　(　　　　　　　　)

**4** よく出る (　)の中の数の最小公倍数を求めましょう。　各5点(10点)
① (12　20)　　　　　　　　② (8　12　16)

(　　　　　　　　)　　　　　(　　　　　　　　)

**5** よく出る (　)の中の数の最大公約数を求めましょう。　各5点(10点)
① (15　20)　　　　　　　　② (40　56　64)

(　　　　　　　　)　　　　　(　　　　　　　　)

思考・判断・表現 　　　　　　　　　　　　　　　　　　　　　　 ／50点

**6** １から50までの整数のうち、次の数は何個ありますか。 　　各5点(20点)

① 7の倍数 　　　　　　　　　　　　　　　　　　　　（　　　　　　　）

② 8の倍数 　　　　　　　　　　　　　　　　　　　　（　　　　　　　）

③ 2と5の公倍数 　　　　　　　　　　　　　　　　　（　　　　　　　）

④ 3と8の公倍数 　　　　　　　　　　　　　　　　　（　　　　　　　）

**7** みかんが28個、バナナが42本あります。それぞれ同じ数ずつ、できるだけ多くの人にあまりのないように分けると、何人に分けられますか。 　　(5点)

（　　　　　　　）

**8** 直線コースのはしから、赤い目じるしを4mごとに、白い目じるしを12mごとにうちつけます。はじめに赤い目じるしと白い目じるしの両方をうちつけ、これを1つ目とすると、3つ目に同じ場所にうちつけるのは、コースのはしから何mのところですか。 　　(5点)

（　　　　　　　）

**9** 右の図は、ある月のカレンダーの一部です。
　　　　　　　　　　　　　　　　　各5点、①は完答(20点)

① 火曜日の日づけを7でわったとき、あまりはいくつになりますか。 □ にあてはまる数を書きましょう。

7÷7＝ □ あまり □

| 日 | 月 | 火 | 水 | 木 | 金 | 土 |
|---|---|---|---|---|---|---|
|  |  |  |  | 1 | 2 | 3 | 4 |
| 5 | 6 | 7 | 8 | 9 | 10 | 11 |

② この月の火曜日の日づけを全部求めましょう。

（　　　　　　　）

③ 日づけを7でわって2あまるときは、何曜日ですか。

（　　　　　　　）

④ 25日は何曜日ですか。

（　　　　　　　）

**ふりかえり** ❶がわからないときは、46ページの❶にもどって確にんしてみよう。

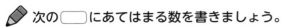

**9** 分数のたし算とひき算

**①** **分数の大きさ**

教科書 122〜128ページ　答え 17ページ

✏️ 次の □ にあてはまる数を書きましょう。

🎯 **ねらい** 大きさの等しい分数のつくり方を理解しよう。　練習 ①②→

🐾 **大きさの等しい分数**

分数は、分母と分子に同じ数をかけても、分母と分子を同じ数でわっても、大きさは変わりません。

〔例〕 $\dfrac{\triangle}{\bigcirc} = \dfrac{\triangle \times \square}{\bigcirc \times \square}$　$\dfrac{2}{3} = \dfrac{2 \times 2}{3 \times 2} = \dfrac{4}{6}$

$\dfrac{\triangle}{\bigcirc} = \dfrac{\triangle \div \square}{\bigcirc \div \square}$　$\dfrac{6}{9} = \dfrac{6 \div 3}{9 \div 3} = \dfrac{2}{3}$

**1** $\dfrac{3}{9}$ と大きさの等しい分数を2つつくりましょう。

**解き方** $\dfrac{3}{9}$ の分母と分子に2をかけると、$\dfrac{3 \times 2}{9 \times 2}$ で ① □ 、3でわると、$\dfrac{3 \div 3}{9 \div 3}$ で ② □

🎯 **ねらい** 通分ができるようにしよう。　練習 ③④→

🐾 **通分**

分母のちがう分数を、大きさを変えないで分母の等しい分数にすることを、**通分**するといいます。

〔例〕 $\dfrac{1}{6}$ と $\dfrac{3}{4}$ の通分　$\dfrac{1}{6} = \dfrac{1 \times 2}{6 \times 2} = \dfrac{2}{12}$　$\dfrac{3}{4} = \dfrac{3 \times 3}{4 \times 3} = \dfrac{9}{12}$

→6と4の最小公倍数は12です。

**2** $\dfrac{2}{3}$ と $\dfrac{3}{4}$ を通分しましょう。

**解き方** 分母の3と4の最小公倍数の ① □ を分母として通分すると、

$\dfrac{2}{3} = \dfrac{②□}{12}$、$\dfrac{3}{4} = \dfrac{③□}{12}$ となります。

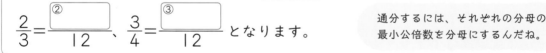

通分するには、それぞれの分母の最小公倍数を分母にするんだね。

🎯 **ねらい** 約分ができるようにしよう。　練習 ⑤→

🐾 **約分**

分数の分母と分子をそれらの公約数でわり、分母の小さい分数にすることを、**約分**するといいます。

〔例〕 $\dfrac{\overset{3}{\cancel{9}}}{\underset{4}{\cancel{12}}} = \dfrac{3}{4}$　$\dfrac{\overset{1}{\cancel{8}}}{\underset{3}{\cancel{24}}} = \dfrac{1}{3}$

（分母と分子を3でわる）（分母と分子を8でわる）

**3** $\dfrac{12}{15}$ を約分しましょう。

**解き方** $\dfrac{12}{15}$ の分母と分子は、15と12の公約数 ① □ でわりきれます。

$\dfrac{12}{15}$ を約分すると、$\dfrac{12}{15} = \dfrac{12 \div ②□}{15 \div ③□} = $ ④ □

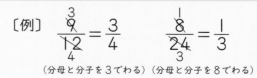

教科書 122〜128 ページ　答え 17 ページ

**1** □ にあてはまる数を書きましょう。

教科書 125 ページ 2

① $\dfrac{3}{4} = \dfrac{⑦}{8} = \dfrac{④}{12}$

② $\dfrac{24}{30} = \dfrac{⑦}{15} = \dfrac{4}{④}$

📖 よくよんで

**2** 次の分数と大きさの等しい分数を、3つずつつくりましょう。

教科書 125 ページ 2

① $\dfrac{3}{4}$

（　　　　　　　　　）

② $\dfrac{2}{7}$

（　　　　　　　　　）

！ まちがい注意

**3** （　）の中の分数を通分しましょう。

教科書 126 ページ 3、127 ページ 4

① $\left(\dfrac{1}{3} \quad \dfrac{1}{4}\right)$　（　　　　　　　　　）

② $\left(\dfrac{1}{2} \quad \dfrac{3}{5}\right)$　（　　　　　　　　　）

③ $\left(\dfrac{2}{3} \quad \dfrac{4}{5}\right)$　（　　　　　　　　　）

④ $\left(\dfrac{2}{9} \quad \dfrac{4}{15}\right)$　（　　　　　　　　　）

⑤ $\left(\dfrac{3}{2} \quad \dfrac{5}{8}\right)$　（　　　　　　　　　）

⑥ $\left(1\dfrac{1}{4} \quad 1\dfrac{2}{5}\right)$　（　　　　　　　　　）

**4** （　）の中の分数を通分しましょう。

教科書 127 ページ 5

① $\left(\dfrac{2}{3} \quad \dfrac{3}{4} \quad \dfrac{5}{6}\right)$

（　　　　　　　　　）

② $\left(\dfrac{3}{5} \quad \dfrac{5}{8} \quad \dfrac{7}{10}\right)$

（　　　　　　　　　）

**5** 次の分数を約分しましょう。

教科書 128 ページ 6

① $\dfrac{6}{15}$　（　　　　　　　　　）

② $\dfrac{18}{21}$　（　　　　　　　　　）

③ $\dfrac{36}{28}$　（　　　　　　　　　）

④ $1\dfrac{36}{60}$　（　　　　　　　　　）

😊 ヒント　❷ $\dfrac{1}{2} = \dfrac{2}{4} = \dfrac{3}{6} = \dfrac{4}{8} = \cdots\cdots$ のように同じ大きさの分数はたくさんあります。

**ぴったり1 準備**

9　分数のたし算とひき算

② **分数のたし算とひき算 -1**

教科書　129ページ　　答え　18ページ

✎ 次の⬚にあてはまる数を書きましょう。

**◎ねらい** 分母のちがう分数のたし算やひき算ができるようにしよう。　　練習 ① ～ ④ →

🐾 **分母のちがう分数のたし算とひき算**

分母のちがう分数のたし算やひき算は、**通分してから**計算します。

〔例〕

$$\frac{1}{2} + \frac{1}{5} = \frac{5}{10} + \frac{2}{10}（通分する）$$

$$= \frac{7}{10}（分子の5と2をたす）$$

〔例〕

$$\frac{1}{2} - \frac{1}{5} = \frac{5}{10} - \frac{2}{10}（通分する）$$

$$= \frac{3}{10}（分子の5から2をひく）$$

**1** 計算をしましょう。

(1) $\frac{1}{5} + \frac{7}{10}$

(2) $\frac{1}{3} + \frac{2}{5}$

**解き方** (1) 通分して、分母を⬚①にそろえます。

$$\frac{1}{5} + \frac{7}{10} = \frac{②⬚}{10} + \frac{7}{10} = \frac{③⬚}{④⬚}$$

通分した後は、
分母が同じ分数の
たし算やひき算と
同じように計算で
きるね。

(2) 通分して、分母を⬚①にそろえます。

$$\frac{1}{3} + \frac{2}{5} = \frac{②⬚}{15} + \frac{③⬚}{15} = \frac{④⬚}{⑤⬚}$$

**2** 計算をしましょう。

(1) $\frac{7}{9} - \frac{1}{3}$

(2) $\frac{3}{4} - \frac{1}{5}$

**解き方** (1) 通分して、分母を⬚①にそろえます。

$$\frac{7}{9} - \frac{1}{3} = \frac{7}{9} - \frac{②⬚}{9} = \frac{③⬚}{④⬚}$$

分母をそろえたら
分子どうしを
計算するんだね。

(2) 通分して、分母を⬚①にそろえます。

$$\frac{3}{4} - \frac{1}{5} = \frac{②⬚}{20} - \frac{③⬚}{20} = \frac{④⬚}{⑤⬚}$$

教科書　129 ページ　　答え　18 ページ

**1** 計算をしましょう。

教科書 129 ページ **1**

① $\dfrac{1}{2} + \dfrac{4}{9}$

② $\dfrac{1}{5} + \dfrac{3}{8}$

③ $\dfrac{5}{8} + \dfrac{1}{4}$

④ $\dfrac{2}{3} + \dfrac{1}{6}$

⑤ $\dfrac{5}{9} + \dfrac{1}{6}$

⑥ $\dfrac{3}{4} + \dfrac{9}{10}$

**2** 計算をしましょう。

教科書 129 ページ **1**

① $\dfrac{3}{4} - \dfrac{2}{3}$

② $\dfrac{5}{6} - \dfrac{3}{5}$

③ $\dfrac{8}{9} - \dfrac{2}{3}$

④ $\dfrac{1}{2} - \dfrac{3}{8}$

⑤ $\dfrac{5}{6} - \dfrac{3}{4}$

⑥ $\dfrac{5}{8} - \dfrac{5}{12}$

**■ よくよんで**

**3** ５年生で花だんを耕しました。たくみさんは $\dfrac{3}{4}$ m²、はるかさんは $\dfrac{5}{7}$ m² 耕しました。２人合わせて、何 m² 耕しましたか。

教科書 129 ページ **1**

式

答え（　　　　　　　　　　　　）

**！ まちがい注意**

**4** 水がバケツに $\dfrac{4}{7}$ L、ペットボトルに $\dfrac{2}{3}$ L 入っています。どちらの水のほうが、何 L 多いですか。

教科書 129 ページ **1**

式

答え（　　　　　　　　　　　　）

●ヒント●　分数のたし算やひき算で、通分をするとき、分母の最小公倍数を見つけて計算します。

次の◯にあてはまる数を書きましょう。

**ねらい** 答えに約分のある分数のたし算、ひき算ができるようにしよう。　　練習 **1** →

### 約分のある分数のたし算とひき算

たし算もひき算も、答えが約分できるときは、ふつう約分します。

〔例〕

$$\frac{3}{10}+\frac{1}{6}=\frac{9}{30}+\frac{5}{30}=\frac{\overset{7}{\cancel{14}}}{\underset{15}{\cancel{30}}}=\frac{7}{15}$$

〔例〕

$$\frac{2}{3}-\frac{7}{15}=\frac{10}{15}-\frac{7}{15}=\frac{\overset{1}{\cancel{3}}}{\underset{5}{\cancel{15}}}=\frac{1}{5}$$

**1** 計算をしましょう。

(1)　$\frac{1}{2}+\frac{1}{6}$

(2)　$\frac{5}{6}-\frac{1}{3}$

**解き方** 分母がちがうので、まず通分します。

(1)　$\frac{1}{2}+\frac{1}{6}=\frac{\boxed{①}}{6}+\frac{1}{6}=\frac{\overset{2}{\cancel{4}}}{\underset{3}{\cancel{6}}}=\boxed{②}$

(2)　$\frac{5}{6}-\frac{1}{3}=\frac{5}{6}-\frac{\boxed{①}}{\boxed{②}}=\frac{\overset{1}{\cancel{3}}}{\underset{2}{\cancel{6}}}=\boxed{③}$

かならず約分できるか
どうか確かめよう。

**ねらい** 3つの分数の計算ができるようにしよう。　　練習 **2 3** →

### 3つの分数の計算のしかた

分母がちがう分数のたし算やひき算と同じように、通分してから計算します。

〔例〕

$$\frac{3}{4}-\frac{1}{6}+\frac{2}{3}=\frac{9}{12}-\frac{2}{12}+\frac{8}{12}=\frac{\overset{5}{\cancel{15}}}{\underset{4}{\cancel{12}}}=\frac{5}{4}\left(1\frac{1}{4}\right)$$

**2** $\frac{5}{6}+\frac{1}{2}-\frac{3}{4}$ の計算をしましょう。

**解き方** 分母がちがうので、通分して分母を $\boxed{①}$ に
そろえます。

$$\frac{5}{6}+\frac{1}{2}-\frac{3}{4}=\frac{\boxed{②}}{12}+\frac{\boxed{③}}{12}-\frac{\boxed{④}}{12}$$

$$=\frac{\boxed{⑤}}{12}$$

3つの分母の最小公倍数で
通分するんだね。

## ぴったり 2 練習

★ できた問題には、「た」を書こう！ ★

でき ① 　でき ② 　でき ③

学習日　　　月　　　日

📖 教科書　130 ページ　📝 答え　19 ページ

---

**1** 計算をしましょう。

教科書 130 ページ **2**

① $\dfrac{1}{2} + \dfrac{1}{10}$

② $\dfrac{5}{21} + \dfrac{3}{7}$

③ $\dfrac{5}{12} + \dfrac{3}{4}$

④ $\dfrac{1}{3} - \dfrac{1}{12}$

⑤ $\dfrac{8}{15} - \dfrac{1}{3}$

⑥ $\dfrac{9}{20} - \dfrac{5}{12}$

---

**2** 計算をしましょう。

教科書 130 ページ **3**

① $\dfrac{1}{9} + \dfrac{5}{6} + \dfrac{2}{3}$

② $\dfrac{5}{8} + \dfrac{1}{6} - \dfrac{3}{4}$

③ $\dfrac{2}{3} - \dfrac{5}{8} + \dfrac{5}{6}$

④ $\dfrac{3}{4} - \dfrac{1}{2} + \dfrac{5}{3}$

⑤ $\dfrac{3}{2} + \dfrac{2}{3} - \dfrac{5}{6}$

⑥ $\dfrac{7}{3} - \dfrac{5}{12} - \dfrac{3}{4}$

---

📖 よくよんで

**3** リボンが $\dfrac{7}{5}$ m あります。はるきさんが $\dfrac{2}{3}$ m、みきさんが $\dfrac{7}{10}$ m 使うと、何 m 残りますか。

教科書 130 ページ **3**

式

答え （　　　　　　　　　）

---

😊 ヒント　③ 2人が使った残りの長さを求めるので、3つの分数のひき算を使います。

57

⑨ 分数のたし算とひき算

② 分数のたし算とひき算 -3

教科書 131ページ　答え 19ページ

✎ 次の □ にあてはまる数を書きましょう。

◎ねらい 帯分数のたし算、ひき算ができるようにしよう。　練習 ❶ ❸ →

🐾 帯分数のたし算、ひき算

帯分数のたし算、ひき算も、**通分してから**計算します。

〔例〕

$$1\frac{1}{3} + 1\frac{4}{5} = 1\frac{5}{15} + 1\frac{12}{15} = 2\frac{17}{15} = 3\frac{2}{15}$$

〔例〕

$$3\frac{1}{2} - 2\frac{1}{6} = 3\frac{3}{6} - 2\frac{1}{6} = 1\frac{2}{6} = 1\frac{1}{3}$$

**1** 計算をしましょう。

(1) $2\frac{1}{3} + 1\frac{3}{4}$　　　　　(2) $2\frac{9}{10} - 1\frac{1}{5}$

解き方 通分してから、整数どうしと分数どうしを計算します。

(1) $2\frac{1}{3} + 1\frac{3}{4} = 2\frac{\boxed{①}}{12} + 1\frac{\boxed{②}}{12} = 3\frac{13}{12} = \boxed{③}$

$\frac{13}{12}$ は、ふつう帯分数にするよ。

(2) $2\frac{9}{10} - 1\frac{1}{5} = 2\frac{9}{10} - 1\frac{\boxed{①}}{\boxed{②}} = \boxed{③}$

◎ねらい くり下げて計算する帯分数のひき算ができるようにしよう。　練習 ❷ ❹ →

🐾 くり下がりのある帯分数のひき算

ひかれる数の分子がひく数の分子より小さいときは、ひかれる数の**整数部分からくり下げて**計算します。

〔例〕

$$2\frac{3}{8} - 1\frac{1}{2} = 2\frac{3}{8} - 1\frac{4}{8}$$
$$= 1\frac{11}{8} - 1\frac{4}{8} = \frac{7}{8}$$

**2** 計算をしましょう。

$$3\frac{1}{4} - 1\frac{5}{12}$$

解き方

$$3\frac{1}{4} - 1\frac{5}{12} = 3\frac{\boxed{①}}{12} - 1\frac{5}{12} = 2\frac{\boxed{②}}{12} - 1\frac{5}{12} = 1\frac{\boxed{③}}{12} = \boxed{④}$$

ぴったり 2
# 練習

教科書 131ページ ▷ 答え 19ページ

**①** 計算をしましょう。

教科書 131ページ **4**

① $1\frac{1}{4} + 1\frac{2}{5}$

② $1\frac{1}{12} + 2\frac{2}{3}$

③ $2\frac{5}{6} + 1\frac{3}{8}$

④ $1\frac{11}{18} + 1\frac{5}{6}$

⑤ $2\frac{1}{2} - 1\frac{1}{4}$

⑥ $3\frac{3}{4} - 1\frac{9}{20}$

**②** 計算をしましょう。

教科書 131ページ **5**

① $2\frac{1}{3} - 1\frac{3}{5}$

② $4\frac{2}{15} - 2\frac{3}{10}$

**③** お茶が、やかんに $1\frac{4}{5}$ L、ポットに $1\frac{1}{4}$ L あります。お茶は全部で何 L ありますか。

教科書 131ページ **4**

式

答え （　　　　　　　　）

**📖 よくよんで**

**④** 先月のはじめには、さとうが $2\frac{1}{2}$ kg ありました。先月の終わりにはかってみると、$1\frac{7}{10}$ kg 残っていました。先月中に、さとうを何 kg 使いましたか。

教科書 131ページ **5**

式

答え （　　　　　　　　）

**🐟ヒント** ④ 使った量を求めるので、ひき算を使います。

❾ 分数のたし算とひき算

時間 **30** 分

／100

合格 **80** 点

教科書 122〜133 ページ 答え 20 ページ

知識・技能 ／84点

**1** 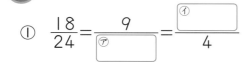 □ にあてはまる数を書きましょう。 各4点(16点)

① $\dfrac{18}{24} = \dfrac{9}{⑦} = \dfrac{①}{4}$

② $\dfrac{3}{7} = \dfrac{24}{⑨} = \dfrac{⑤}{63}$

**2** よく出る ( )の中の分数を通分しましょう。 各4点(16点)

① $\left( \dfrac{1}{4} \quad \dfrac{2}{5} \right)$

② $\left( \dfrac{7}{9} \quad \dfrac{5}{6} \right)$

( ) ( )

③ $\left( \dfrac{3}{8} \quad \dfrac{7}{12} \right)$

④ $\left( \dfrac{5}{6} \quad \dfrac{3}{8} \quad \dfrac{2}{3} \right)$

( ) ( )

**3** よく出る 次の分数を約分しましょう。 各4点(8点)

① $\dfrac{12}{60}$

② $\dfrac{14}{49}$

( ) ( )

**4** 次にあてはまる分数を全部書きましょう。 各4点(8点)

① 分母が 1 から 20 までの数で、$\dfrac{3}{5}$ と大きさの等しい分数

( )

② 分子が 1 から 10 までの数で、$\dfrac{3}{7}$ と大きさの等しい分数

( )

**5** よく出る 計算をしましょう。 各3点（36点）

① $\dfrac{4}{7}+\dfrac{1}{3}$

② $\dfrac{5}{8}+\dfrac{1}{6}$

③ $\dfrac{5}{6}+\dfrac{3}{4}$

④ $\dfrac{5}{3}+\dfrac{7}{12}$

⑤ $1\dfrac{3}{4}+1\dfrac{1}{12}$

⑥ $\dfrac{13}{18}-\dfrac{5}{24}$

⑦ $\dfrac{9}{10}-\dfrac{1}{6}$

⑧ $\dfrac{8}{9}-\dfrac{5}{8}$

⑨ $\dfrac{5}{8}-\dfrac{11}{24}$

⑩ $3\dfrac{5}{6}-2\dfrac{1}{3}$

⑪ $\dfrac{3}{4}-\dfrac{1}{3}+\dfrac{1}{2}$

⑫ $1\dfrac{1}{3}+\dfrac{5}{6}-\dfrac{3}{4}$

---

思考・判断・表現 ／16点

**6** 駅から公園までは $\dfrac{2}{3}$ km、駅から図書館までは $\dfrac{4}{5}$ km あります。駅から公園までと、駅から図書館までとでは、何 km ちがいますか。 式・答え 各4点（8点）

式

答え （ 　　　　　　　　　 ）

**7** けんとさんは、なしを $3\dfrac{5}{6}$ kg、弟は $2\dfrac{1}{4}$ kg とりました。2人分を合わせると、とれたなしは何 kg になりますか。 式・答え 各4点（8点）

式

答え （ 　　　　　　　　　 ）

ふりかえり ❶ がわからないときは、52 ページの ❶ にもどって確にんしてみよう。

付録の「計算せんもんドリル」 18 ～ 32 もやってみよう！

# ぴったり1 準備

**10 平 均**

**① 平均 -1**

教科書 134〜137ページ　　答え 20ページ

✏️ 次の ☐ にあてはまる数やことばを書きましょう。

🎯 **ねらい** 平均の意味を理解し、平均を求められるようにしよう。　　練習 ①②➡

🐾 **平均**

いくつかの数や量をならして等しくしたときの大きさを、それらの数や量の**平均**といいます。

$$平均 = 合計 \div 個数$$

> いろいろな大きさをそろえて、等しい大きさにすることを「ならす」というよ。

**1** １個のオレンジからとれるジュースの量を調べたら、次のようになりました。オレンジ１個から平均して何 mL のジュースがとれたことになりますか。

110mL　　　106mL　　　108mL　　　120mL

**解き方** ４個のオレンジからとれたジュースの平均を求めます。

ジュースの量の合計は、110＋106＋ ☐① ＋ ☐② ＝ ☐③ (mL)

平均すると、オレンジ１個のジュースの量は、

☐④ ÷ ☐⑤ ＝ ☐⑥

答え ☐⑦ mL

🎯 **ねらい** 平均を小数で表すことを理解しよう。　　練習 ③④⑤➡

🐾 **0があるときの平均**

人数や個数のように小数で表せないものも、平均では小数を使って表すことがあります。

**2** 右の表は、ゆうじさんの学級で、先週の欠席者数を調べたものです。平均すると、１日に何人休みましたか。

| 曜日 | 月 | 火 | 水 | 木 | 金 |
|------|----|----|----|----|----|
| 人数(人) | 4 | 0 | 3 | 3 | 1 |

**解き方** 平均＝ ☐① ÷個数　だから、まず、人数の合計を求めます。

4＋0＋3＋3＋1＝ ☐② (人)になります。

個数は ☐③ 日だから、１日の欠席者数の平均は、

☐④ ÷ ☐⑤ ＝ ☐⑥

答え ☐⑦ 人

> 人数も、平均では小数で表すことがあるよ。

★できた問題には、「た」を書こう！★

でき① でき② でき③ でき④ でき⑤

教科書 134〜137ページ ⟩ ➡答え 20ページ

**1** 右の表は、ゆいさんの１日の読書時間を１週間記録したものです。
平均すると、１日の読書時間は何分ですか。

教科書 135ページ**1**

| 曜日 | 日 | 月 | 火 | 水 | 木 | 金 | 土 |
|---|---|---|---|---|---|---|---|
| 読書時間（分） | 90 | 30 | 40 | 60 | 20 | 50 | 60 |

( )

**！まちがい注意**

**2** たまご５個のそれぞれの重さをはかったら、次のようでした。
平均すると、たまご１個の重さは何gですか。

教科書 135ページ**1**

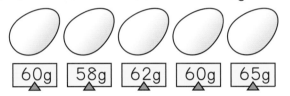

60g 58g 62g 60g 65g

( )

**3** りんご６個の重さをはかったら、次のようでした。
265g、295g、252g、291g、304g、276g
平均すると、りんご１個の重さは何gですか。

教科書 135ページ**1**

( )

**4** 右の表は、ゆうやさんが50m走を4回走ったときのタイムです。平均すると、ゆうやさんは50mを何秒で走りましたか。

教科書 135ページ**1**

| 回数 | １回目 | 2回目 | 3回目 | 4回目 |
|---|---|---|---|---|
| タイム（秒） | 8.6 | 9.1 | 8.7 | 9.2 |

( )

**5** もえさんの学級で、月曜日から金曜日までに図書館を利用した人数は、右の表のようでした。
平均すると、１日に何人が利用しましたか。

教科書 137ページ**2**

| 曜日 | 月 | 火 | 水 | 木 | 金 |
|---|---|---|---|---|---|
| 人数（人） | 5 | 7 | 0 | 4 | 8 |

( )

**ヒント** ⑤ 人数が0人だった日も日数に入れて、5でわります。

⑩ 平　均

① 平均 -2

教科書 139〜140ページ　答え 21ページ

✏ 次の ◯ にあてはまる数やことばを書きましょう。

◎ ねらい　平均を使って、いろいろな量を求められるようにしよう。　練習 ① ② →

🐾 平均の利用

★平均と個数から合計の量を求めることができます。

★平均と合計の量から個数を求めることができます。

平均＝合計÷個数

合計＝平均×個数

個数＝合計÷平均

**1** 箱の中から5個のトマトを取り出して重さをはかったら、次のようでした。

242g、238g、245g、236g、239g

(1) 平均すると、トマト1個あたりの重さは何gですか。

(2) トマト30個の重さは、約何kgと考えられますか。

解き方 (1) トマト1個あたりの重さは、

( ①□ + ②□ + ③□ + ④□ + ⑤□ ) ÷5 = ⑥□ (g)

答え ⑦□ g

(2) 30個の重さ = ①□ × 個数　だから、

②□ ×30 = ③□ (g) = ④□ (kg)

答え　約 ⑤□ kg

◎ ねらい　自分の歩はばを知って、およその長さをはかれるようにしよう。　練習 ③ →

🐾 歩はば

1歩の長さはいつも同じではないので、歩はばは、何歩か歩いてその平均を求めます。

自分の平均の歩はばを知っていると、歩数を数えて、およその長さをはかることができます。

自分の歩はばがわかったら、いろいろなところの長さをはかってみよう。

**2** 右の表は、こうきさんが20歩歩いた長さを5回はかったときの記録です。こうきさんの1歩の歩はばは、約何cmですか。

| | 20歩の長さ |
|---|---|
| 1回目 | 12 m 64 cm |
| 2回目 | 12 m 56 cm |
| 3回目 | 12 m 64 cm |
| 4回目 | 12 m 54 cm |
| 5回目 | 12 m 62 cm |

解き方 こうきさんの20歩の長さをcmで表し、その平均を求めます。

( ①□ + ②□ + ③□ + ④□ + ⑤□ ) ÷5 = ⑥□ (cm)です。

1歩の歩はばは、 ⑦□ ÷20 = ⑧□

答え　約 ⑨□ cm

ぴったり 2
練習

★ できた問題には、「た」を書こう！★
でき ① でき ② でき ③

学習日 月 日

教科書 139～140 ページ 答え 21 ページ

**1** だいきさんの、国語、算数、理科、社会のテストの点数と平均は次のようでした。
理科のテストの点数は何点ですか。

教科書 139 ページ **3**

| 教科 | 国語 | 算数 | 理科 | 社会 | 平均 |
|---|---|---|---|---|---|
| 点数（点） | 78 | 85 | | 81 | 81 |

（　　　　　）

**2** あきなさんの学校の図書室の利用者は、先週の 6 日間で 147 人でした。

教科書 139 ページ **4**

① 1 日あたり平均何人の人が利用したことになりますか。

（　　　　　）

② 40 日間では、約何人の人が利用するといえますか。

（　　　　　）

**3** 右の表は、しょうたさんの 10 歩の長さを 5 回はかったときの記録です。

教科書 140 ページ **5**

① しょうたさんの歩はばは、約何 cm といえますか。
答えは $\frac{1}{10}$ の位を四捨五入して、整数で求めましょう。

しょうたさんの 10 歩の長さ

| | 10 歩の長さ（m） |
|---|---|
| 1 回目 | 5.8 |
| 2 回目 | 5.75 |
| 3 回目 | 5.92 |
| 4 回目 | 5.86 |
| 5 回目 | 5.77 |

（　　　　　）

② しょうたさんが、運動場のまわりを歩はばではかったら、250 歩でした。運動場のまわりは約何 m ですか。

（　　　　　）

ヒント ② ② 1 日の平均人数×日数 と考えよう。

ぴったり③
確かめのテスト
⑩ 平　均

時間 30 分
／100
合格 80 点

教科書 134〜141 ページ　答え 21 ページ

知識・技能　／44点

**1** りんご4個の重さをはかったら、右のようになりました。　各4点、①は完答(12点)

① 平均を求める式を ◯ の中に「合計」「個数」をあてはめて書きましょう。

平均 ＝ ⑦ □ ÷ ⑦ □

| 240g | 210g |
|------|------|
| 250g | 220g |

② りんご4個の重さの合計は、何gですか。　（　　　）

③ 平均すると、りんご1個あたりの重さは何gといえますか。　（　　　）

**2** よく出る みかん7個のそれぞれの重さをはかったら、次のようでした。　式・答え 各4点(8点)

| 98g | 102g | 95g | 110g | 100g | 99g | 96g |

平均すると、みかん1個の重さは何gですか。

式

答え（　　　）

**3** よく出る ある週の月曜日から金曜日まで、なつみさんの組で保健室を利用した人数は、下のようでした。平均すると、1日に何人利用しましたか。　式・答え 各4点(8点)

| 曜日 | 月 | 火 | 水 | 木 | 金 |
|------|---|---|---|---|---|
| 人数（人） | 1 | 3 | 0 | 3 | 2 |

式

答え（　　　）

**4** めぐみさんは、10歩歩いた長さを4回はかって、右のような表をつくりました。　式・答え 各4点(16点)

| 回数 | 1回目 | 2回目 | 3回目 | 4回目 |
|------|------|------|------|------|
| 10歩の長さ（m） | 6.5 | 6.3 | 6.6 | 6.2 |

① めぐみさんの1歩の歩はばは、約何cmですか。

式

答え（　　　）

② めぐみさんの家から学校まで歩いて、ちょうど1200歩ありました。家から学校までは約何mありますか。

式

答え（　　　）

思考・判断・表現 　　　　　　　　　　　　　　　　　　　　　　 ／56点

**5** 学校の図書室で、先月貸し出した本は、1日平均 46.4 さつだったそうです。先月の貸し出しをした日数は 25 日でした。貸し出した本は、全部で何さつですか。 　　式・答え 各4点(8点)

式

答え （　　　　　　　　）

**6** 5人の体重を調べたら、1人平均 36.7 kg になりました。 　　式・答え 各4点(12点)

① 5人の体重を合わせると、何 kg になりますか。

（　　　　　　　　）

りつ　ひろし　けんじ　れん　ゆきと

② けんじさんの体重は何 kg ですか。

36.7kg　40.5kg　□　32.4kg　30.4kg

式

答え （　　　　　　　　）

**7** 下の表は、ある牛が、1月〜5月までの5か月間に食べたえさの量を表しています。 　　式・答え 各4点(16点)

| 月 | 1月 | 2月 | 3月 | 4月 | 5月 |
|---|---|---|---|---|---|
| えさの量(kg) | 460 | 470 | 390 | 430 | 400 |

① 平均すると、1か月に何 kg のえさを食べましたか。

式

答え （　　　　　　　　）

② 1年間では、約何 kg 食べることになりますか。

式

答え （　　　　　　　　）

**8** ゆみこさんの家では、ある1週間に 3.5 L の牛にゅうを飲んだそうです。 　　式・答え 各5点(20点)

① 1日あたり平均何 L の牛にゅうを飲んだことになりますか。

式

答え （　　　　　　　　）

② 30 日間では、約何 L の牛にゅうを飲むと考えられますか。

式

答え （　　　　　　　　）

ふりかえり　❶がわからないときは、62 ページの❶にもどって確にんしてみよう。

① **単位量あたりの大きさ**

3分でまとめ

教科書 142〜148ページ　答え 22ページ

✎ 次の ◻ にあてはまる数やことばを書きましょう。

🎯 **ねらい** 単位量あたりの大きさで比べる方法を理解しよう。　　　練習 ①〜④→

🐾 **単位量あたりの大きさ**

　混みぐあいは、1m² あたりの人数や1
人あたりの面積で比べることができます。

1m² あたりの人数が多いほうが
混んでいるといえるね。
また、1人あたりの面積がせまい
ほうが、混んでいるといえるね。

**1** 　林間学校のときにとまった部屋の広さと子どもの人
数は、右の表のようになっていました。A室とB室の混
みぐあいを調べましょう。

|  | たたみの数(まい) | 人数(人) |
|---|---|---|
| A室 | 15 | 9 |
| B室 | 20 | 10 |

解き方 たたみ1まいあたりの人数と、子ども1人あたりのたたみのまい数の2通りの方法で調
べます。

● たたみ1まいあたりの人数で比べると、

　A室は、①◻ ÷15＝②◻ で、③◻ 人

　B室は、④◻ ÷20＝⑤◻ で、⑥◻ 人

　たたみ1まいあたりの人数が多いほど混んでいるから、⑦◻ のほうが混んでいたと
いえます。

● 1人あたりのたたみのまい数で比べると、

　A室は、⑧◻ ÷9＝1.66…で約⑨◻ まい
　　　　　　　　　　　　　　　└上から2けたのがい数で表そう。
　B室は、⑩◻ ÷10＝⑪◻ まい

　子ども1人あたりのたたみのまい数が少ないほど混んでいるから、⑫◻ のほうが混
んでいたといえます。

🎯 **ねらい** 人口密度の求め方を理解しよう。　　　練習 ⑤→

🐾 **人口密度**

● 1km² あたりの人口を、**人口密度**といいます。

　　**人口密度＝人口(人)÷面積(km²)**

　国や都道府県などの人の混みぐあいは、
人口密度で表します。

人口密度、1L あたり
に走る道のり、1m²
あたりのとれ高などを、
**単位量あたりの大きさ**
というよ。

**2** 　A町の人口は 8500 人、面積は 50km² です。
A町の人口密度を求めましょう。

解き方 ①◻ ÷②◻ ＝③◻ 　　　　答え ④◻ 人

ぴったり 2
練習

★ できた問題には、「た」を書こう！★
でき 1 　でき 2 　でき 3 　でき 4 　でき 5

学習日
月　　　日

教科書 142〜148 ページ ▷ 答え 22 ページ

**1** 右の表は、A小学校とB小学校の生徒数と運動場の面積を表したものです。どちらの学校の運動場がゆったりしているといえますか。 教科書 143ページ **1**

**生徒数と運動場の面積**

| | 生徒数（人） | 運動場の面積（m²） |
|---|---|---|
| A | 960 | 4800 |
| B | 480 | 1600 |

（　　　　　　）

**！まちがい注意**

**2** 3mで165gのはり金があります。このはり金28mの重さは何gですか。 教科書 146ページ **2**

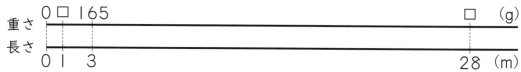

（　　　　　　）

**3** 2台の自動車AとBがあります。Aの自動車は40Lのガソリンで560km、Bの自動車は50Lのガソリンで650km走れます。ガソリンを使う量のわりに、走る道のりが長いのは、どちらの自動車ですか。 教科書 146ページ **2**

（　　　　　　）

**4** じゃがいものとれ高を調べたら、けんじさんの家では、70m²の畑から105kg、なおやさんの家では、90m²の畑から126kgとれました。どちらの家の畑のほうがよくとれたといえますか。 教科書 146ページ **2**

（　　　　　　）

**🔍よくみて**

**5** 右の表は、A市とB市の人口と面積を表したものです。面積に比べて、人口が多いのはどちらの市ですか。人口密度で比べましょう。 教科書 148ページ **3**

**A市とB市の人口と面積**

| | 人口（人） | 面積（km²） |
|---|---|---|
| A市 | 55632 | 152 |
| B市 | 35520 | 96 |

（　　　　　　）

**👻ヒント** ❷ まず、1mあたりの重さを求めてから、28mの重さを求めます。

ぴったり3
確かめのテスト

⑪ 単位量あたりの大きさ

時間 30 分
／100
合格 80 点

教科書 142〜150 ページ ▶ 答え 22 ページ

知識・技能 ／72点

**1** 右の表は、AとBのにわとり小屋の面積とにわとりの数を表したものです。Aの小屋とBの小屋の混みぐあいを調べます。□にあてはまる数や記号を書きましょう。 各4点(20点)

● 1m² あたりのにわとりの数で比べます。

A…6÷12=［㋐　　］(羽)　　B…4÷10=［㋑　　］(羽)

| | 面積(m²) | にわとりの数(羽) |
|---|---|---|
| A | 12 | 6 |
| B | 10 | 4 |

● 1羽あたりの面積で比べます。

A…12÷6=［㋒　　］(m²)　　B…10÷4=［㋓　　］(m²)

● AとBでは、［㋔　　　］のほうが混んでいるといえます。

**2** よく出る 右の表は、Aの花だんとBの花だんの面積と、球根の数を表したものです。 式・答え 各4点(20点)

花だんの面積と球根の数

| | 面積(m²) | 球根の数(個) |
|---|---|---|
| A | 14 | 70 |
| B | 24 | 96 |

① Aの花だんとBの花だんの混みぐあいを、面積1m²あたりの球根の数で比べましょう。

㋐ Aの花だん

式

答え（　　　　　　　　）

㋑ Bの花だん

式

答え（　　　　　　　　）

② AとBの花だんでは、どちらが混んでいるといえますか。

（　　　　　　　　）

**3** よく出る A町とB町の人口と面積を調べたら、下の表のようになりました。 式・答え 各4点(20点)

① A町の人口密度を求めましょう。

A町とB町の人口と面積

| | 人口(人) | 面積(km²) |
|---|---|---|
| A町 | 8616 | 80 |
| B町 | 6356 | 56 |

式

答え（　　　　　　　　）

② B町の人口密度を求めましょう。

式

答え（　　　　　　　　）

③ 面積のわりに人口が多いのはどちらですか。

（　　　　　　　　）

**4** 3さつで 450 円のノートと、5さつで 650 円のノートがあります。　　　各4点(12点)

① 1さつあたりのねだんは、それぞれ何円ですか。

　㋐　3さつで 450 円のノート

　　　　　　　　　　　　　　　　　　　　　　　　　（　　　　　　　　）

　㋑　5さつで 650 円のノート

　　　　　　　　　　　　　　　　　　　　　　　　　（　　　　　　　　）

② 1さつあたりのねだんは、どちらが安いですか。

　　　　　　　　　　　　　　　　　　（　　　　　　　　　　　　　）

**思考・判断・表現**　　　　　　　　　　　　　　　　　　／28点

**5** たかしさんの家では、120 ㎡ の畑から 864 kg のさつまいもがとれました。かほさんの家では、90 ㎡ の畑から 684 kg のさつまいもがとれました。どちらの畑のほうが、とれ高がよいといえますか。　　　式・答え 各4点(8点)

式

　　　　　　　　　　　　　　答え（　　　　　　　　）

**6** Aの自動車は、12 L のガソリンで 240 km 走れます。Bの自動車は、25 L のガソリンで 575 km 走れます。ガソリン 1 L あたりで走れる道のりは、どちらが長いですか。　　　式・答え 各5点(10点)

式

　　　　　　　　　　　　　　答え（　　　　　　　　）

**できたらスゴイ!**

**7** 210 円で 6 m 買えるリボンがあります。このリボンを何 m か買ったら、代金は 455 円でした。リボンを何 m 買いましたか。　　　式・答え 各5点(10点)

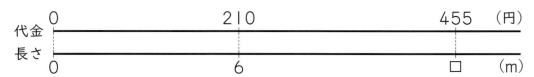

式

　　　　　　　　　　　　　　答え（　　　　　　　　）

**ふりかえり** 🐶 **❶** がわからないときは、68 ページの **❶** にもどって確にんしてみよう。

ぴったり **1** 準備

3分でまとめ

**12** 分数と小数、整数

① わり算と分数

学習日　　月　　日

教科書 154〜157 ページ　　答え 23 ページ

✏ 次の ☐ にあてはまる数を書きましょう。

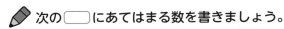

🎯 **ねらい** わり算の商を分数で表せるようにしよう。

練習 ❶ ❷ ❸ →

🐾 **わり算の商を分数で表すしかた**

整数〇を整数△でわった商は、分数で表すことができます。

$$〇÷△=\dfrac{〇}{△}$$

**1** 次のわり算の商を分数で表しましょう。

(1)　3÷7　　　　　(2)　1÷3　　　　　(3)　6÷5

**解き方** わる数を分母にし、わられる数を分子にします。

(1)　$3÷7=$ ☐

(2)　$1÷3=$ ☐

(3)　$6÷5=$ ☐

これは仮分数なので、帯分数になおして、$1\dfrac{1}{5}$ としてもいいです。

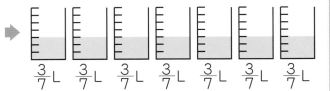

3L

$\dfrac{3}{7}$L　$\dfrac{3}{7}$L　$\dfrac{3}{7}$L　$\dfrac{3}{7}$L　$\dfrac{3}{7}$L　$\dfrac{3}{7}$L　$\dfrac{3}{7}$L

3÷7や1÷3の商は、小数では正確に表せないよ。
3÷7=0.4285714…
1÷3=0.3333333…

**2** 2L の飲み物を、7人で等分します。1人分は何 L になりますか。

**解き方** わる数は7で、わられる数は2だから、

$2÷7=$ ①☐　　　　答え ②☐ L

わりきれないわり算の商も、分数を使うときちんと表せるよ。

**3** ☐ にあてはまる数を書きましょう。

(1)　$\dfrac{4}{9}=4÷$ ☐　　　　　(2)　$\dfrac{7}{6}=$ ☐ $÷6$

$\dfrac{〇}{△}=〇÷△$
を使って考えてね。

教科書 154〜157 ページ　答え 23 ページ

**1** 次のわり算の商を分数で表しましょう。　教科書 155 ページ **1**

① 1÷9　　② 3÷8　　③ 4÷7

④ 8÷17　　⑤ 9÷14　　⑥ 5÷2

⑦ 3÷20　　⑧ 22÷7　　⑨ 6÷19

**2** □にあてはまる数を書きましょう。　教科書 155 ページ **1**

① $\frac{2}{3} = \boxed{\phantom{00}} \div 3$　　② $\frac{5}{3} = 5 \div \boxed{\phantom{00}}$

③ $\frac{7}{8} = \boxed{\phantom{00}} \div 8$　　④ $\frac{16}{9} = 16 \div \boxed{\phantom{00}}$

⑤ $\frac{9}{14} = 9 \div \boxed{\phantom{00}}$　　⑥ $\frac{19}{12} = \boxed{\phantom{00}} \div 12$

**3** 次の答えを分数で求めましょう。　教科書 155 ページ **1**

① 5L の水を6本のびんに等しく分けると、1本のびんに何 L の水が入りますか。

$$\left(\phantom{00000000}\right)$$

② 2kg の肉を 13 人で等しく分けると、1人分は何 kg になりますか。

$$\left(\phantom{00000000}\right)$$

③ 3m のリボンを 10 人で等しく分けると、1人分は何 m になりますか。

$$\left(\phantom{00000000}\right)$$

④ 60g のさとうを7つの入れ物に等しく分けると、1つの入れ物に何 g のさとうが入りますか。

$$\left(\phantom{00000000}\right)$$

ヒント　❸ まず、わり算の式を考えます。

教科書 158ページ　答え 23ページ

 次の ▭ にあてはまる数を書きましょう。

◎ねらい　何倍にあたるかを、分数を使って表せるようにしよう。　練習 ①②③→

**何倍かを分数で表すしかた**

　ある大きさが、もとにする量の何倍にあたるかを
表すとき、分数で表すことがあります。

（例）　右のような3本のテープがあります。

　　黒と赤のテープの長さは、それぞれ白のテープの長さの何倍ですか。

何倍かを表すとき、$\frac{6}{7}$ 倍や $\frac{9}{7}$ 倍のように分数を使うこともあるよ。

★黒は、$6 \div 7 = \frac{6}{7}$（倍）

★赤は、$9 \div 7 = \frac{9}{7}$（倍）

黒……6m
白……7m
赤……9m

**1** 次の数を分数で表しましょう。

(1)　5gは9gの何倍ですか。

(2)　13gは9gの何倍ですか。

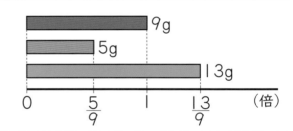

解き方 (1)、(2)とも、もとにする量は9gになります。

(1)　$5 \div \boxed{\phantom{00}} = \frac{5}{9}$（倍）

(2)　$13 \div \boxed{①\phantom{00}} = \boxed{②\phantom{00}}$（倍）　←仮分数

　　これは帯分数になおして、$1\frac{4}{9}$ 倍と表すこともあります。

**2** 次の数を分数で表しましょう。

(1)　14mは、25mの何倍ですか。

(2)　25mは、14mの何倍ですか。

解き方 (1)　もとにする量は25mだから、

$14 \div \boxed{\phantom{00}} = \frac{14}{25}$（倍）

(2)　もとにする量は14mだから、

$25 \div \boxed{①\phantom{00}} = \boxed{②\phantom{00}}$（倍）　←仮分数

　　これは帯分数になおすと、$1\frac{11}{14}$ 倍と表せます。

もとにする量が何かを、しっかり見分けよう。

教科書 **158 ページ** ▷ 答え **24 ページ**

**1** 右のような3つの入れ物があります。

教科書 158 ページ **1**

① 白い入れ物の水のかさは、赤い入れ物の水のかさの何倍ですか。

（　　　　　　　）

入れ物の色と水のかさ
赤……11 L
白……8 L
青……13 L

② 青い入れ物の水のかさは、赤い入れ物の水のかさの何倍ですか。

（　　　　　　　）

**2** たての長さが8m、横の長さが13mの長方形の土地があります。

教科書 158 ページ **1**

① たての長さは、横の長さの何倍ですか。

（　　　　　　　）

13m
8m

② 横の長さは、たての長さの何倍ですか。

（　　　　　　　）

📖 よくよんで

**3** 次の答えを分数で求めましょう。

教科書 158 ページ **1**

① 7cm は、3cm の何倍ですか。

（　　　　　　　）

② 23 kg は、30 kg の何倍ですか。

（　　　　　　　）

③ 13 L は、6L の何倍ですか。

（　　　　　　　）

④ 17 m は、24 m の何倍ですか。

（　　　　　　　）

⑤ 25 ㎡ は、19 ㎡ の何倍ですか。

（　　　　　　　）

● ヒント ● 3 ① もとにする大きさは3cm です。

📖 教科書　159〜161 ページ　➡ 答え　24 ページ

✏️ 次の □ にあてはまる数を書きましょう。

🎯 **ねらい** 分数を小数で表せるようにしよう。 　　　　　　　　　　　　練習 ❶ →

🐾 **分数を小数で表す方法**

分数を小数になおすには、**分子÷分母** を計算します。

分数には、小数で正確に表せるものと、表せないものがあります。

$$\frac{\bigcirc}{\triangle} = \bigcirc \div \triangle$$

**1** (1) 3÷5 を分数で表すと ① □ と表せます。また、3÷5 を小数で表すと ② □ と表せます。

(2) $\frac{5}{6}$ を小数で表すと、① □ ÷ ② □ = 0.833… となるので、四捨五入して $\frac{1}{100}$ の位までのがい数にすると、③ □ になります。

🎯 **ねらい** 小数や整数を分数で表せるようにしよう。 　　　　　　　　練習 ❷ ❸ ❹ →

🐾 **小数や整数を分数で表す方法**

⭐小数は、10、100 などを分母とする分数で表すことができます。

⭐整数は、1 を分母とする分数で表すことができます。

　（例）　$0.3 = \frac{3}{10}$　　$1.17 = 1\frac{17}{100}$　　$4 = \frac{4}{1}$

$$0.1 = \frac{1}{10}$$
$$0.01 = \frac{1}{100}$$

**2** (1) 0.7 を分数で表すと、0.1 すなわち $\frac{1}{10}$ が7個分あると考えて、□ になります。

(2) 0.33 を分数で表すと、0.01 すなわち $\frac{1}{100}$ が ① □ 個分あると考えて、② □ になります。

(3) 9 を分数で表すと、9 = 9÷ ① □ と考えられるから、$9 = \frac{9}{②\,\square}$ となります。

🎯 **ねらい** 分数と小数の混じった、たし算やひき算ができるようにしよう。 練習 ❺ →

分数と小数の混じった計算は、

ふつう、小数を分数になおして計算します。

(1)は、$\frac{3}{5} = 0.6$ だから、小数になおして計算ができるけど、(2)は、$\frac{2}{3} = 0.666…$ となり、正確に計算できないな。

**3** (1) $\frac{3}{5} + 0.4$、(2) $\frac{2}{3} - 0.6$　を計算しましょう。

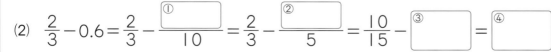

**解き方** (1) $\frac{3}{5} + 0.4 = \frac{3}{5} + \frac{4}{10} = \frac{3}{5} + \frac{①\,\square}{5} = \frac{5}{5} = ②\,\square$

(2) $\frac{2}{3} - 0.6 = \frac{2}{3} - \frac{①\,\square}{10} = \frac{2}{3} - \frac{②\,\square}{5} = \frac{10}{15} - ③\,\square = ④\,\square$

📖 教科書 159〜161 ページ ✏️ 答え 24 ページ

**①** 次の分数を小数で表しましょう。わりきれないときは、四捨五入して $\frac{1}{100}$ の位までのがい数で表しましょう。
教科書 159 ページ **1**

① $\frac{4}{5}$

② $\frac{1}{6}$

③ $\frac{7}{9}$

( ) ( ) ( )

④ $\frac{16}{25}$

⑤ $1\frac{3}{4}$

⑥ $2\frac{3}{20}$

( ) ( ) ( )

**②** ☐ にあてはまる等号か不等号を書きましょう。
教科書 159 ページ **1**

① $\frac{8}{5}$ ☐ 1.8

② 0.75 ☐ $\frac{3}{4}$

③ $3\frac{4}{7}$ ☐ 3.5

**③** 次の小数を分数で表しましょう。
教科書 160 ページ **2**

① 0.9

② 0.03

③ 1.7

( ) ( ) ( )

④ 0.27

⑤ 3.7

⑥ 2.19

( ) ( ) ( )

**④** ☐ にあてはまる数を書きましょう。
教科書 160 ページ **2**

① $6 = \dfrac{\boxed{\phantom{00}}}{1}$

② $\dfrac{\boxed{\phantom{00}}}{} = \dfrac{10}{1}$

! まちがい注意

**⑤** 計算をしましょう。
教科書 161 ページ **3**

① $0.4 + \frac{1}{6}$

② $\frac{1}{7} + 0.8$

③ $0.9 - \frac{2}{15}$

④ $2\frac{3}{4} - 1.5$

💧ヒント 💧 ② 分数を小数で表して、大きさを比べます。

ぴったり③
確かめのテスト

⑫ 分数と小数、整数

時間 30 分

／100

合格 80 点

教科書 154〜163 ページ 　答え 25 ページ

知識・技能 　　　　　　　　　　　　　　　　　／92点

**1** よく出る 次のわり算の商を分数で表しましょう。　　各2点(6点)

① 3÷10 　　　　② 9÷4 　　　　③ 13÷6

（　　　　　） 　（　　　　　） 　（　　　　　）

**2** □ にあてはまる数を書きましょう。　　各3点(12点)

① $2 \div \boxed{\phantom{0}} = \dfrac{2}{5}$ 　　　　② $\boxed{\phantom{0}} \div 9 = \dfrac{5}{9}$

③ $\boxed{\phantom{0}} \div 7 = \dfrac{1}{7}$ 　　　　④ $4 \div \boxed{\phantom{0}} = \dfrac{4}{11}$

**3** よく出る 次の分数を、小数や整数で表しましょう。わりきれないときは、四捨五入して $\dfrac{1}{100}$ の位までのがい数で表しましょう。　　各3点(18点)

① $\dfrac{1}{5}$ 　　　　② $\dfrac{24}{8}$ 　　　　③ $\dfrac{1}{4}$

（　　　　　） 　（　　　　　） 　（　　　　　）

④ $\dfrac{9}{13}$ 　　　　⑤ $\dfrac{11}{6}$ 　　　　⑥ $1\dfrac{2}{5}$

（　　　　　） 　（　　　　　） 　（　　　　　）

**4** よく出る 次の小数や整数を、分数で表しましょう。　　各3点(18点)

① 0.3 　　　　② 0.29 　　　　③ 0.05

（　　　　　） 　（　　　　　） 　（　　　　　）

④ 1.5 　　　　⑤ 6 　　　　⑥ 2.03

（　　　　　） 　（　　　　　） 　（　　　　　）

**5** 次の答えを分数で求めましょう。　　　　　　　　　　　　　各3点(6点)

① 7L のジュースを 4 人で等分すると、1 人分は何 L になりますか。

（　　　　　　　）

② 15 m のテープを 8 人で等分すると、1 人分は何 m になりますか。

（　　　　　　　）

**6** □ にあてはまる等号か不等号を書きましょう。　　　　　　各4点(16点)

① $\dfrac{1}{8}$ □ 0.16

② $1.25$ □ $\dfrac{5}{4}$

③ $3.9$ □ $\dfrac{10}{3}$

④ $\dfrac{27}{6}$ □ $4.5$

**7** 計算をしましょう。　　　　　　　　　　　　　　　　　各4点(16点)

① $\dfrac{11}{15} + 0.6$

② $1\dfrac{1}{4} + 2.25$

③ $4.6 - 2\dfrac{2}{5}$

④ $1.7 - \dfrac{4}{15}$

思考・判断・表現　　　　　　　　　　　　　　　　　　　　／8点

**8** 右のような 2 つの公園があります。　　　　　　　　　　各4点(8点)

① 東公園の面積は、西公園の面積の何倍ですか。

**公園の面積**

| 東公園 | 460 m² |
| --- | --- |
| 西公園 | 320 m² |

（　　　　　　　）

② 西公園の面積は、2 つの公園をあわせた面積の何倍ですか。

（　　　　　　　）

ふりかえり ❶ がわからないときは、72 ページの ❶ にもどって確にんしてみよう。

教科書 164〜170 ページ　答え 26 ページ

✏ 次の ◯◯◯ にあてはまる数やことばを書きましょう。

◎ねらい **割合**の意味がわかり、求められるようにしよう。　練習 **1**➡

もとにする量を 1 とみたとき、比べる量がどれ
だけにあたるかを表した数を**割合**といいます。

割合＝比べる量÷もとにする量

**1** 3kgは5kgのどれだけの割合ですか。

解き方 割合＝◯① [　　　] ÷もとにする量　にあてはめます。

$3 ÷$ ②[　　] $=$ ③[　　]

答え ④[　　]

比べる量　もとにする量
重さ　0　　　3　　　5　(kg)
割合　0　　　□　　　1

◎ねらい **百分率**で、割合を表せるようにしよう。　練習 **2 3 4**➡

割合を表す数 0.01 を、1 **パーセント**といい、1 **%** と書きます。
このような割合の表し方を**百分率**といいます。
百分率はもとにする量を 100 としたときの割合の表し方です。

**2** 次の小数で表した割合を百分率で、百分率で表した割合を小数で表しましょう。

(1) 0.05　　　(2) 0.54　　　(3) 26 %　　　(4) 140 %

解き方 (1) 割合を表す数 ①[　　] が 1 % だから、0.05 は 0.01 の 5 個分で、

0.05 は ②[　　] %

(2) 0.54 は、0.01 の 54 個分だから、0.54 は [　　] %

(3) 1 % は 0.01 だから、26 % は [　　]　　(4) 140 % は [　　]

**3** ある小学校の全児童数は 625 人で、そのうち、女の子は 350 人です。女の子の数は、全
児童数の何 % ですか。

解き方 もとにする量は、全児童数の 625 人で、比べる量は女の子の ①[　　] 人になります。

割合＝比べる量÷もとにする量　にあてはめると、

②[　　] ÷ ③[　　] ＝0.56

これを、百分率になおします。

0.01 → 1 % で、
0.56 は、0.01 が
56 個分だね。

答え ④[　　] %

教科書 164〜170 ページ　答え 26 ページ

**よくみて**

**1** 右の表は、サッカーでシュートした数と、ゴールした数をまとめたものです。

① それぞれのゴールした数の割合を小数で求めましょう。　教科書 165 ページ 1

ゆうき（　　　　　　）

えいた（　　　　　　）

| | シュートした数 | ゴールした数 |
|---|---|---|
| ゆうき | 25 | 22 |
| えいた | 15 | 9 |
| じゅん | 25 | 20 |
| ひろと | 20 | 18 |

じゅん（　　　　　　）　　　ひろと（　　　　　　）

② ゴールした数の割合を比べて、成績の良い順に名前を書きましょう。

（　　　　　　　　　　　　　　　　　　　　　）

**2** 次の小数や整数で表した割合を百分率で、百分率で表した割合を小数で表しましょう。

教科書 168 ページ 2、170 ページ 3

① 0.07　　　　　　② 0.29　　　　　　③ 0.6

（　　　　　　）　　　（　　　　　　）　　　（　　　　　　）

④ 1.04　　　　　　⑤ 4　　　　　　⑥ 92 ％

（　　　　　　）　　　（　　　　　　）　　　（　　　　　　）

⑦ 8 ％　　　　　　⑧ 125 ％　　　　　⑨ 270 ％

（　　　　　　）　　　（　　　　　　）　　　（　　　　　　）

**3** 750 g の塩があります。そのうち 60 g を料理で使います。使う塩の量は、全体の何 ％ ですか。

教科書 168 ページ 2

式

答え（　　　　　　）

**！ まちがい注意**

**4** 定員が 680 人のコンサートホールがあります。　教科書 168 ページ 2、170 ページ 3

① 578 人が入ったとき、定員の何 ％ ですか。

式

答え（　　　　　　）

② 782 人が入ったとき、定員の何 ％ ですか。

式

答え（　　　　　　）

**ヒント** 4 ② 割合は 100 % より大きくなることもあります。

81

次の◯◯にあてはまる数を書きましょう。

**ねらい** 比べる量を求められるようにしよう。　　練習 ❶ ❷ →

🐾 **比べる量を求める式**

　割合を求める式を変形して、右の式で求めることができます。

> 比べる量＝もとにする量×割合

**1** 果汁が 40 ％ ふくまれている飲み物があります。この飲み物 900 mL には、何 mL の果汁が入っていますか。

**解き方** もとにする量は、飲み物 900 mL になります。

　果汁の量が百分率で表されているので、これを小数で表すと、40 ％ → ①◯◯◯

　果汁の量＝もとにする量×割合＝900×②◯◯◯ ＝③◯◯◯

| | 比べる量 | もとにする量 | |
|---|---|---|---|
| 飲み物の量 | 0　　　　　□ | 　　900 | （mL） |
| 割合 | 0　　　　0.4 | 　　　1 | |

答え ④◯◯◯ mL

**ねらい** もとにする量を求められるようにしよう。　　練習 ❸ ❹ ❺ →

🐾 **もとにする量を求める式**

　割合を求める式を変形して、右の式で求めることができます。

> もとにする量＝比べる量÷割合

**2** おかしをつくるのに、さとうを 40 g 使いました。これは、さとう入れに入っていた量の 20 ％ だそうです。さとう入れに入っていたさとうの量は何gですか。

**解き方** もとにする量は、さとう入れに入っていたさとうの量なので、これを□ g とします。割合の 20 ％ を小数になおすと、20 ％ → ①◯◯◯ になります。比べる量は、使ったさとう 40 g なので、比べる量を求めるかけ算の式にあてはめると、

　□×②◯◯◯ ＝40　となります。

　□を求めると、□ ＝40÷③◯◯◯ ＝④◯◯◯

比べる量と
もとにする量を
しっかり見分けよう。

| | 比べる量 | もとにする量 | |
|---|---|---|---|
| さとうの量 | 0　　40 | 　　□ | （g） |
| 割合 | 0　　0.2 | 　　1 | |

答え ⑤◯◯◯ g

ぴったり **2**
# 練習
★ できた問題には、「た」を書こう！★
でき **1** でき **2** でき **3** でき **4** でき **5**

学習日　　　　月　　　日

教科書 171〜174 ページ　　答え 27 ページ

**1** パン屋で、1日にあんパンが 110 個売れました。次の日には、前日に売れたあんパンの 130 ％ が売れました。次の日に売れたあんパンは何個ですか。　教科書 171 ページ **1**

式

答え（　　　　　　　）

📖 **よくよんで**

**2** 定員 60 人のバスがあります。　教科書 171 ページ **1**
① 定員の 85 ％ の人が乗っているとき、このバスに乗っている人は何人ですか。

式

答え（　　　　　　　）

② 定員の 120 ％ の人が乗っているとき、このバスに乗っている人は何人ですか。

式

答え（　　　　　　　）

**3** あやさんの組では、虫歯のある人が 16 人いました。これは組全体の人数の 40 ％ です。あやさんの組の人数は何人ですか。　教科書 173 ページ **2**

式

答え（　　　　　　　）

**4** 公園には 9 m² の花だんがあります。これは公園全体の面積の 3 ％ です。公園の面積は何 m² ですか。　教科書 173 ページ **2**

式

答え（　　　　　　　）

**5** バーゲンセールで 4480 円のスカートを買いました。これは定価の 80 ％ でした。このスカートの定価は何円ですか。　教科書 173 ページ **2**

式

バーゲンなどでは、パーセントがよく使われているね。

答え（　　　　　　　）

**ヒント** **3** もとにする量を求める問題です。比べる量が虫歯のある人 16 人、割合が 40 ％ です。

83

✏️ 次の □ にあてはまる数を書きましょう。

**◎ねらい** 「〜％引き」がわかるようにしよう。　練習 ①〜⑤➡

🐾 **定価の〜％引きのねだん**

　〜％ を小数で表した割合を△とすると、〜％引きのねだんは、定価の(1−△)倍にあたります。

|  | 〜％引きのねだん | 定価 （円） |
|---|---|---|
| ねだん 0 | | |
| 割合 0 | 1−△ | 1 |

**1** 定価 3600 円のトレーナーを 35％引きで売っています。トレーナーはいくらで買えるでしょうか。

**解き方** 35％を小数で表すと、① □ になります。

定価の 35％引きのねだんは、定価の(1−② □ )倍にあたります。

|  | 買うねだん □ | 定価 3600 | （円） |
|---|---|---|---|
| ねだん 0 | | | |
| 割合 0 | 1−0.35 | 1 | |

💬 3600×0.35 を計算して、いくら安くなるかを求めて解く方法もあるね。

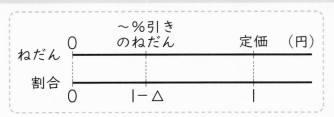

**比べる量＝もとにする量×割合** にあてはめて、

$3600 ×(1−③ \boxed{\phantom{0}})=3600×0.65=④ \boxed{\phantom{0}}$　答え ⑤ □ 円

**◎ねらい** 歩合で、割合を表せるようにしよう。　練習 ⑥➡

　割合を表す小数 0.1 を、1割と表すことがあります。

　このような割合の表し方を**歩合**といいます。

歩合では、0.1 を 1割、0.01 を 1分、0.001 を 1厘と表します。

| 割合を表す小数や整数 | 1 | 0.1 | 0.01 | 0.001 |
|---|---|---|---|---|
| 歩　合 | 10割 | 1割 | 1分 | 1厘 |
| 百分率 | 100％ | 10％ | 1％ | 0.1％ |

**2** 割合を表す小数 0.372 を、百分率と歩合で表しましょう。

**解き方** 百分率は、① □ を 1％と表す割合の表し方なので、0.372 は ② □ ％になります。歩合は、0.1 を ③ □ 割、0.01 を ④ □ 分、0.001 を ⑤ □ 厘と表す割合の表し方なので、0.372 は ⑥ □ 割 ⑦ □ 分 ⑧ □ 厘になります。

答え　百分率 ⑨ □ ％　歩合 ⑩ □ 割 ⑪ □ 分 ⑫ □ 厘

# 練習

★ できた問題には、「た」を書こう！★

でき ① でき ② でき ③ でき ④ でき ⑤ でき ⑥

教科書 175〜177ページ 答え 27ページ

**1** ある学校の5年生の人数は180人です。そのうち55%がボランティアをしたことがあります。ボランティアをしたことがない人は何人ですか。 教科書 175ページ**3**

式

答え （　　　　　　）

**2** 定価1600円のバッグを定価の25%引きで買いました。バッグはいくらで買えましたか。 教科書 175ページ**3**

式

答え （　　　　　　）

**よくよんで**

**3** すすむさんの学校の去年の子どもの人数は540人で、今年は去年より10%増えたそうです。今年の子どもの人数は何人ですか。 教科書 175ページ**3**

式

答え （　　　　　　）

**！まちがい注意**

**4** スーパーで、仕入れたおべんとうの85%が売れました。あと18個が残っています。仕入れたおべんとうは、何個でしたか。 教科書 176ページ**4**

式

答え （　　　　　　）

**5** セーターを定価の40%引きで買ったら、4200円でした。定価はいくらですか。 教科書 176ページ**4**

式

答え （　　　　　　）

安くなった分は、定価×0.4（円）になるね。

**6** 定価700円のくつ下を、定価の3割引きで買いました。くつ下はいくらで買えましたか。 教科書 177ページ**1**

式

答え （　　　　　　）

**ヒント** ④ 残った18個は、仕入れたおべんとうの100−85で、全体の15%になります。

85

教科書 164〜179 ページ　答え 28 ページ

知識・技能　　　　　　　　　　　　　　　　　　　　　　　　／60点

**1** 定員 50 人のバスに、35 人の乗客がいます。□にあてはまる数やことばを書きましょう。

各4点、それぞれ完答(8点)

① 乗客の数は定員の何倍ですか。

式 □ ÷ □　　　　　　　　　　　　　　　答え □ 倍

② 割合を求める式を、「もとにする量」と「比べる量」のことばを使って表しましょう。

割合＝□ ÷ □

**2** よく出る 次の小数で表した割合を百分率で、百分率で表した割合を小数で表しましょう。

各4点(24点)

① 0.12　　　　　　② 1.9　　　　　　③ 0.265
　（　　　　）　　　（　　　　）　　　（　　　　）

④ 83 %　　　　　　⑤ 2 %　　　　　　⑥ 106 %
　（　　　　）　　　（　　　　）　　　（　　　　）

**3** よく出る □にあてはまる数を書きましょう。

各4点(12点)

① 32 g は、80 g の □ % です。　　② 400 円の 65 % は、□ 円です。

③ 21 m は、□ m の 30 % です。

**4** 25 題の計算テストがありました。

式・答え 各4点(16点)

① かおりさんは 21 題できました。できた数は、問題全体の数の何 % ですか。

式

答え（　　　　　　　）

② すすむさんは、全体の 8 % をまちがえました。何題できましたか。

式

答え（　　　　　　　）

思考・判断・表現 　　　　　　　　　　　　　　　　　　　　　　　　　／40点

**5** よく出る 花屋で、仕入れたバラの 85 ％ が売れました。あと 36 本残っています。仕入れたバラは何本でしたか。

式・答え 各5点(10点)

式

答え（　　　　　　　　）

**6** 定価 2900 円のくつを、20 ％ 引きで売っています。このくつのねだんはいくらですか。

式・答え 各5点(10点)

式

答え（　　　　　　　　）

**7** インスタントコーヒーが、もとの量の 15％ を増量して売られています。増量後の重さは 138 g です。もとの量は何gでしたか。

式・答え 各5点(10点)

式

答え（　　　　　　　　）

**8** お店のバーゲンセールで、定価 2000 円のぼうしを 4 割引きで買いました。買ったぼうしのねだんはいくらですか。

式・答え 各5点(10点)

式

答え（　　　　　　　　）

ふりかえり 🐼 ❶ がわからないときは、80 ページの ❶ にもどって確にんしてみよう。

# 活用

読み取る力をのばそう

## どの割引券を使おうかな

教科書 180 ページ　　答え 29 ページ

**1** あるパン屋で、次の3種類の割引券を配っています。
どんなときにどの割引券を使うと得か考えましょう。

| あ | い | う |
|---|---|---|
| 全品<br>30％引き | 全品<br>50円引き | 合計500円以上<br>買うと、合計金額から<br>150円引き |

① お店には、150円、200円、250円のパンが売られています。
　それぞれのパンを買うとき、あといのどちらの割引券を使うほうが安くなるか、下の表にねだんを書いて調べましょう。

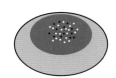
150円

200円

250円

| 定価 | 150 円 | 200 円 | 250 円 |
|---|---|---|---|
| あの割引券を使ったとき | | | |
| いの割引券を使ったとき | | | |

② あの割引券を使ったほうが安くなるのは、いくらのパンですか。

　　　　　　　　　　　　　　　　　　　　　　（　　　　　　　　　　　）

③ いの割引券を使ったほうが安くなるのは、いくらのパンですか。

　　　　　　　　　　　　　　　　　　　　　　（　　　　　　　　　　　）

④ それぞれのパンを1つずつ買うとき、あとうの割引券では、どちらが安くなりますか。

　　　　　　　　　　　　　　　　　　　　　　（　　　　　　　　　　　）

**2** あるイベントの入場券は 300 円で、割引券が 3 種類あります。
どんなときにどの割引券を使うと得か考えましょう。

| ⓐ | ⓘ | ⓤ |
|---|---|---|
| 割引券<br>すべての人が、5 % 引き | 子ども割引券<br>子どもはすべて<br>100 円引き | 団体割引券<br>10 人以上は<br>全員 10 % 引き |

① 大人 5 人、子ども 5 人で行く場合は、どの券を使うと一番安くなりますか。
下の表のあいているところに、ねだんを書いて調べましょう。

| | 大人 5 人 | 子ども 5 人 | 合計 |
|---|---|---|---|
| ⓐの割引券 | | | |
| ⓘの割引券 | | | |
| ⓤの割引券 | | | |

すべての人が割引になるときと、
子どもだけが割引になるときを
分けて考えなくちゃね。

(　　　　　　　　　　　　)

② 大人 6 人、子ども 1 人で行く場合、どの割引券を使うと一番安くなりますか。

合計 7 人だから、
ⓤの割引券は
使えないんだね。

ⓐとⓘの割引券を使ったときの
金額をそれぞれ求めて、比べて
みよう。

(　　　　　　　　　　　　)

ぴったり1
準備
3分でまとめ

14 帯グラフと円グラフ

① 帯グラフと円グラフ

学習日    月    日

教科書 181～187 ページ    答え 29 ページ

次の □ にあてはまる数を書きましょう。

**◎ねらい** 帯グラフや円グラフの見方がわかるようにしよう。    練習 ①→

帯グラフは全体を長方形で表し、円グラフは全体を円で表して、各部分の割合がわかるように区切ってあります。

**1** 右の帯グラフは、ある町で昨年使ったお金の用途別の金額の割合を表したものです。
(1) 福し費、土木費、教育費の合計の割合を、分数で表しましょう。
(2) 福し費の割合は教育費の割合の何倍ですか。

ある町で昨年使ったお金の用途別の金額の割合

| 福し費 | 土木費 | 教育費 | 衛生費 | その他 |
|---|---|---|---|---|

0 10 20 30 40 50 60 70 80 90 100(%)

**解き方** (1) 福し費、土木費、教育費の合計の割合は □① % です。これを小数で表すと 0.6 になります。0.6 は 0.1 すなわち $\frac{1}{10}$ が6個分なので □② になります。

(2) 福し費の割合は □① % です。教育費の割合は 47 と 60 の間だから、□② % になります。もとにする量は教育費の割合なので、□③ ÷13＝□④ (倍)

**◎ねらい** 帯グラフや円グラフがかけるようにしよう。    練習 ②→

**🐾 帯グラフや円グラフのかき方**

❶ それぞれの種類の割合を百分率で表します。割合の合計が 100 % にならないときは、百分率の一番大きいものを、増やすか減らすかして、ちょうど 100 % にします。

❷ 100 等分した目もりを使って、各種類をそれぞれの百分率にしたがって区切ります。

**2** 次の表は、ある小学校の5年生の好きなスポーツとその人数を表したものです。これを円グラフに表しましょう。

**解き方** それぞれの人数が、全体(合計の人数)の何 % になっているかを計算します。

サッカーは、54÷□① ＝0.45
野球は、42÷□② ＝0.35
水泳とその他はわりきれないので、$\frac{1}{100}$ の位までのがい数にして百分率で表します。
水泳は、14÷□③ ＝0.11̇6…
その他は、10÷□④ ＝□⑤

ある小学校の5年生の好きなスポーツの割合

| スポーツ | 人数(人) | 百分率(%) |
|---|---|---|
| サッカー | 54 | 45 |
| 野球 | 42 | ⑥ |
| 水泳 | 14 | ⑦ |
| その他 | 10 | ⑧ |
| 計 | 120 | 100 |

100(%)
0
90    10
80    20
70    30
60    40
50
その他
水泳
サッカー
野球

百分率にして表に書き入れてから、円グラフをかくと、右のようになります。

教科書 181〜187 ページ ▶ 答え 29 ページ

**❶** 右の円グラフは、ある農家の一年間の売り上げの割合を表したものです。

教科書 182 ページ ❶

① 米による売り上げの割合は、全体の何 % ですか。

（　　　　　　　）

② 畜産による売り上げの割合は、全体の約何分の 1 ですか。

（　　　　　　　）

③ 野菜による売り上げの割合は、くだものによる売り上げの
割合の約何倍ですか。

（　　　　　　　）

④ 一年間の売り上げの合計は 520 万円でした。野菜による
売り上げは何万円でしたか。

（　　　　　　　）

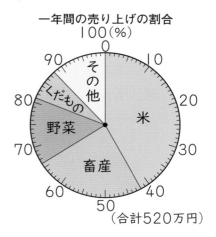

一年間の売り上げの割合
（合計520万円）

帯グラフや円グラフを見ると、
全体のどれだけにあたるかが
わかりやすいし、部分と部分の
割合を比べるときも便利だね。

**！まちがい注意**

**❷** 右の表は、ある学校で、けがをした場所と人数を調べたものです。

教科書 186 ページ ❹

① けがをした場所での人数が、全体の何 % になっている
かを計算して、表に書きましょう。

けがをした場所別の人数の割合

| 場所 | 人数（人） | 百分率（%） |
|---|---|---|
| 校庭 | 33 | |
| 体育館 | 20 | |
| ろう下 | 11 | |
| 教室 | 6 | |
| その他 | 10 | |
| 計 | 80 | 100 |

**🔍 よくみて**

② 表をもとにして、帯グラフを完成させましょう。

わりきれないときは四捨五入して、
がい数にしよう。また、合計が
100% にならないときは、割合が
一番大きいもので調節するんだね。

けがをした場所別の人数の割合

0　10　20　30　40　50　60　70　80　90　100（%）

**❷** ② 左から、割合の大きい順にかいて、その他は最後にかきます。

教科書 188〜191 ページ ▶答え 30 ページ

✎ 次の □ にあてはまることばを書きましょう。

🎯ねらい いろいろなグラフを使って、資料をくわしく調べられるようにしよう。 練習 ①→

資料を調べる目的に合わせて、どのようなグラフに表せばよいか考えましょう。

① 全体の量をもとにした、各部分の割合を調べるとき　帯グラフ、円グラフ

② 全体の量や各部分の量を比べたり、変わり方を調べるとき　ぼうグラフ

③ 全体や各部分の量の変わり方や、変わり方の大きさを調べるとき　折れ線グラフ

このほかに、調べる目的に合わせて、①〜③のグラフを組み合わせて使うこともできます。

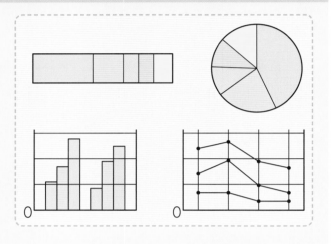

1 | 1か月に保健室を使った人数を下の表にまとめ、グラフに表して調べます。

1か月に保健室を使った人数 （人）

|  | きず | ねんざ | 病気 | その他 | 合計 |
|---|---|---|---|---|---|
| 5月 | 27 | 9 | 10 | 5 | 51 |
| 9月 | 23 | 7 | 7 | 6 | 43 |
| 11月 | 26 | 5 | 12 | 6 | 49 |

5月に保健室を使った人数の割合

| 5月 | きず | ねんざ | 病気 | その他 |
|---|---|---|---|---|

9月に保健室を使った人数の割合

解き方 (1) 5月に保健室を使った人数の種類ごとの割合は、円グラフや □ に表すと調べやすくなります。

(2) 5月から11月までの、種類ごとに保健室を使った人数や変わり方を調べるときは、□ や □ に表すと調べやすくなります。

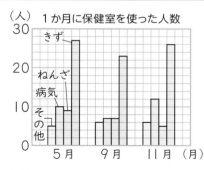

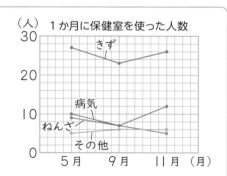

(3) 月ごとの帯グラフをたてに3つならべると、5月から11月の間に保健室を使った種類ごとの □ が、どのように変わったかを調べることができます。

教科書 188〜191 ページ     答え 30 ページ

1    ある町の 2019 年から 2023 年の資げんごみの量を調べて、4 つのグラフに表しました。

教科書 188 ページ 1

資げんごみの量    （千 t）

|  | 2019 年 | 2021 年 | 2023 年 |
|---|---|---|---|
| 紙ごみ | 22.1 | 18.8 | 18.0 |
| びん・かん | 8.8 | 8.2 | 7.4 |
| プラスチック | 7.0 | 7.5 | 7.5 |
| 合計 | 37.9 | 34.5 | 32.9 |

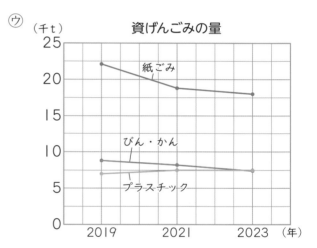

① 次の変わり方は、㋐〜㋓のどのグラフから
調べることができますか。
(1) 種類ごとの資げんごみの量と、4 年間
の量の変わり方

(        )

(2) 資げんごみの種類ごとの割合の、4 年
間の変わり方

(        )

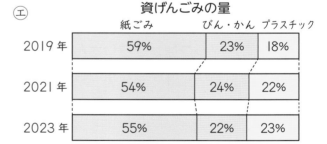

② ごみの量の変わり方が一番大きいのは、何年から何年の間のどのごみの量ですか。

(                                    )

😊 ヒント    どのグラフの、どこの部分を読み取ればよいかを考えます。

# ⑭ 帯グラフと円グラフ

時間 30 分

／100

合格 80 点

教科書 181〜195 ページ ■▷ 答え 30 ページ

知識・技能 ／72点

**1** よく出る 下の帯グラフは、ある家の1か月の生活費の割合を表したものです。
食費とひ服費は、それぞれ全体の何 % ですか。 各6点(12点)

生活費の割合

| 食費 | ひ服費 | 住きょ費 | 光熱費 | その他 |
|---|---|---|---|---|

```
0  10  20  30  40  50  60  70  80  90  100(%)
```

食費 (          )     ひ服費 (          )

**2** よく出る 右の帯グラフは、ある日の学校の前を通った車の種類と台数を調べたものです。 各6点(12点)

① 乗用車の台数は、バスの台数の約何倍
ですか。

学校の前を通った車の種類別の台数の割合

| 乗用車 | バス | トラック | タクシー | その他 |
|---|---|---|---|---|

```
0  10 20 30 40 50 60 70 80 90 100(%)
```

(          )

② バスとトラックの台数を合わせると、全体の約何分の1ですか。

(          )

**3** 右の円グラフは、ひろしさんの村の土地の利用面積の割合を表したものです。 各6点(18点)

① 田の面積は、全体の面積の何 % ですか。

(          )

② 田の面積は何 km² ですか。

土地の利用面積の割合
(総面積56km²)

(          )

③ 山林の面積は、畑の面積の約何倍ですか。一の位までのがい
数で求めましょう。

(          )

4 よく出る 下の表は、はるかさんの学校の町別の生徒数を表したものです。
割合を求めて、帯グラフと円グラフをかきましょう。

表・グラフ各10点(30点)

### 町別の生徒数

| 町 | 東町 | 西町 | 南町 | 北町 | その他 | 合計 |
|---|---|---|---|---|---|---|
| 人数(人) | 335 | 230 | 125 | 88 | 42 | 820 |
| 割合(%) | ① | ② | ③ | ④ | ⑤ | 100 |

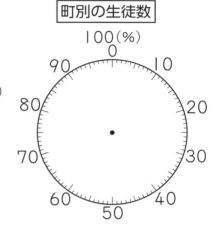

町別の生徒数

---

思考・判断・表現 ／28点

5　右のグラフは、A小学校800人とB小学校650人に行った好きな食べ物の人数の割合を表したものです。

各7点(28点)

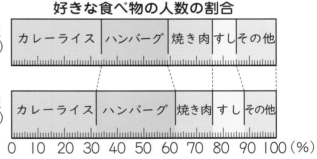

好きな食べ物の人数の割合

①　A小学校で、カレーライスが好きと答えた人は何人ですか。

（　　　　　　　　　）

②　B小学校で、焼き肉が好きと答えた人は何人ですか。

（　　　　　　　　　）

③　A小学校で、カレーライスが好きと答えた人の人数は、焼き肉が好きと答えた人の何倍ですか。

（　　　　　　　　　）

④　ひなさんは、この帯グラフを見て、右のように考えました。
　ひなさんの考えは正しいですか。

B小学校のほうが、A小学校に比べてハンバーグの割合が大きいから、ハンバーグの好きな人の人数が多い。

（　　　　　　　　　）

ふりかえり 🐼 ❶がわからないときは、90ページの❶にもどって確にんしてみよう。

95

⑮ 正多角形と円

## ① 正多角形

3分でまとめ

教科書 198〜202ページ 答え 31ページ

✏ 次の ◯◯ にあてはまる数やことばを書きましょう。

◎ねらい 正多角形がどんな多角形なのかを理解し、正多角形がかけるようにしよう。 練習 **①**〜**④**➡

🐾 **正多角形**

　辺の長さが全て等しく、角の大きさも全て等しい多角形を**正多角形**といいます。

　正三角形や正方形も正多角形です。

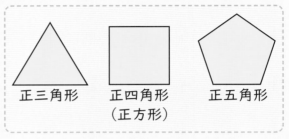

正三角形　正四角形（正方形）　正五角形

🐾 **正多角形のかき方**

❶円の中心の周りの角を等分して半径をひきます。

　（正三角形なら3つ、正四角形なら4つ、正五角形なら5つ、……に分けます。）

❷半径と円の交わった点を順に結びます。

〈正八角形のかき方〉

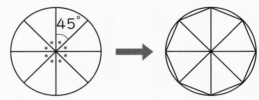

円の中心の周りの角を8等分します。

360°÷8＝45°

**1** 次の円を使って、正多角形をかきましょう。

(1)　正四角形

(2)　正五角形

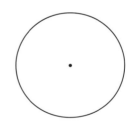

**2** 半径が3cm の円を使って、正六角形をかき、右の図のように向かいあった頂点を線で結びました。

(1)　アの角は何度ですか。

(2)　正六角形の1つの角の大きさは何度ですか。

(3)　ＡＢの長さは何cm ですか。

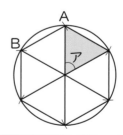

**解き方** (1)　円の中心の周りの角は 360° です。正六角形だから、

　　360°÷ ◯① ＝ ◯② 。　　　答え ◯③ °

(2)　(1)から、(180°− ◯① °)÷2＝ ◯② °。

　　だから、正六角形の中の6つの三角形は全て、 ◯③ になります。

　　正六角形の1つの角は、◯④ °×2＝ ◯⑤ °。　　答え ◯⑥

(3)　ＡＢの長さは、この円の半径と等しくなるので、 ◯◯ cm です。

ぴったり 2
練習

★ できた問題には、「た」を書こう！★
でき 1 でき 2 でき 3 でき 4

学習日 　月　　日

教科書 198〜202 ページ　答え 31 ページ

**1** 次の正多角形をかくには、円の中心の周りの角を何度ずつに区切ればよいですか。

教科書 201 ページ 2

① 正六角形 （　　　　　　　　）

② 正八角形 （　　　　　　　　）

**2** 円の中心の周りの角を、次の大きさに区切ってかくと、どんな正多角形ができますか。

教科書 201 ページ 2

① 120° （　　　　　　　　）

② 40° （　　　　　　　　）

③ 30° （　　　　　　　　）

④ 36° （　　　　　　　　）

**3** 次の正多角形をかきましょう。

教科書 201 ページ 2、202 ページ 3

① 対角線の長さが 4 cm の正方形

② 1 辺が 2.5 cm の正六角形

よくみて

**4** 右の図は、円の中心の周りの角を 5 等分して、正五角形をかいたものです。

教科書 201 ページ 2

① ⑦の角は何度ですか。 （　　　　　　　　）

② 三角形 OAB は、どんな三角形になっていますか。 （　　　　　　　　）

③ ④の角は何度ですか。 （　　　　　　　　）

④ 正五角形の 1 つの角⑦は何度ですか。 （　　　　　　　　）

ヒント ① ① 正六角形は対角線によって 6 つの合同な正三角形に分けられています。

教科書 203〜209 ページ　　答え 32 ページ

次の ☐ にあてはまる数やことばを書きましょう。

**◎ねらい** 円周率を理解して、円周の長さを求められるようにしよう。　　練習 ❶ ❷→

**:: 円周率と、円周の長さを求める公式**

円周率は、円周の長さが直径の長さの何倍になっているかを表す数です。

円周率は、ふつう 3.14 を使います。

円周の長さは、右の公式で求められます。

> 円周率＝円周÷直径
> 円　周＝直径×円周率

**1** 直径 3cm の円の円周の長さは何 cm ですか。

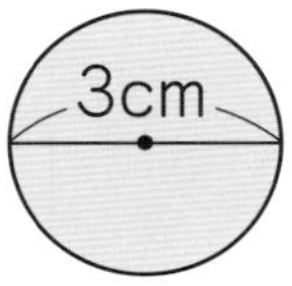

**解き方** 円周の長さは、円周＝ ☐① ×円周率　で求めます。

☐② を 3.14 とすると、円周の長さは、

☐③ ×3.14＝ ☐④ 　　答え ☐⑤ cm

**◎ねらい** 直径の長さと円周の長さの関係を理解しよう。　　練習 ❸ ❹ ❺→

**:: 直径と円周の長さの関係**

直径を〇 cm、円周を△ cm とすると、△＝〇×円周率　と表せます。

直径の長さを 2 倍、3 倍、……すると、円周の長さも 2 倍、3 倍、……になるので、円周△ cm は、直径〇 cm に比例しているといえます。

**2** 右の表を見て答えましょう。

| 直径〇（cm） | 1 | 2 | 3 | 4 | 5 | 6 |
|---|---|---|---|---|---|---|
| 円周△（cm） | 3.14 | 6.28 | 9.42 | 12.56 | 15.7 | 18.84 |

**解き方** 直径〇 cm を 1cm ずつ増やすと、円周△ cm は ☐① cm ずつ増えます。

直径〇 cm を 2 倍にすると、円周△ cm も ☐② 倍になり、直径〇 cm を 3 倍にすると、円周△ cm も ☐③ 倍になり、円周△ cm は、直径〇 cm に ☐④ しているといえます。

**3** 右の図の色のついた部分の周りの長さを求めましょう。

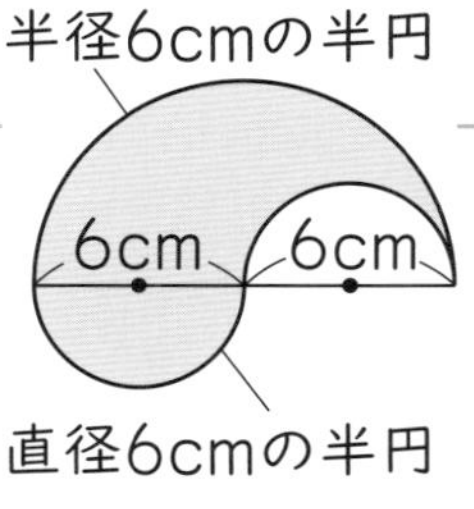

半径6cmの半円

6cm　6cm

直径6cmの半円

**解き方** 半径 6cm の半円と、直径 6cm の半円 2 つが周りの長さになります。半径 6cm の半円は、半径 6cm の円の周りの長さの半分で、直径は半径の ☐① 倍だから、6×2×3.14÷ ☐② ＝18.84（cm）

直径 6cm の半円が 2 つで、直径 6cm の円の周りの長さと同じになるから、☐③ ×3.14＝ ☐④

求める周りの長さは、18.84＋ ☐⑤ ＝ ☐⑥ 　　答え ☐⑦ cm

# ぴったり2 練習

★ できた問題には、「た」を書こう！★

でき ① でき ② でき ③ でき ④ でき ⑤

学習日　月　日

教科書 203〜209 ページ　答え 32 ページ

**1** 次の円の円周の長さを求めましょう。　教科書 206 ページ **3**

① 直径 4 cm の円

（　　　　　　　）

② 直径 10 cm の円

（　　　　　　　）

③ 直径 18 cm の円

（　　　　　　　）

④ 半径 4 cm の円

（　　　　　　　）

⑤ 半径 6 cm の円

（　　　　　　　）

⑥ 半径 3.5 cm の円

（　　　　　　　）

**2** 円周が 125.6 cm の円の直径の長さを求めましょう。　教科書 207 ページ **4**

（　　　　　　　）

**3** 直径 16 cm の円の円周の長さは、直径 4 cm の円の円周の長さの何倍ですか。　教科書 208 ページ **5**

（　　　　　　　）

**よくよんで**

**4** 半径が 4 cm の円があります。半径の長さを 2 倍にすると、円周の長さはもとの円周の長さの何倍になりますか。　教科書 208 ページ **5**

（　　　　　　　）

**まちがい注意**

**5** 下の図で、あの線の長さとⓘの線の長さを比べましょう。　教科書 209 ページ **6**

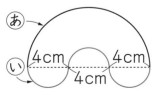

4cm　4cm
4cm

あは、直径が
4×3＝12(cm)の
半円だね。

（　　　　　　　）

**ヒント** 　④ 半径 4 cm を 2 倍すると、半径は 8 cm になります。半径 4 cm の円の円周の長さと半径 8 cm の円の円周の長さを比べます。

ぴったり3
確かめのテスト

⑮ 正多角形と円

時間 30 分
／100
合格 80 点

教科書 198〜211 ページ　答え 32 ページ

**知識・技能**　　　　　　　　　　　　　　　　　　　　　　　　　　／57点

**1** ◯にあてはまることばを書きましょう。　　　　　　　　各4点(12点)

① 辺の長さが全て等しく、角の大きさも全て等しい五角形を ◯ といいます。

② 円の中心の周りの角を 45° ずつ区切ってかくと、◯ ができます。

③ 円周の長さを求める公式は、円周＝ ◯ ×3.14

**2** よく出る 右の円を使って、正六角形をかきましょう。　　　　　(5点)

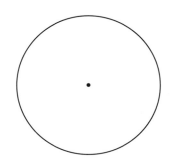

**3** よく出る 次の円の円周の長さを求めましょう。　　　式·答え 各5点(20点)
① 直径 12 cm の円　　　　　　　　② 半径 4.5 cm の円
式　　　　　　　　　　　　　　　　　式

　　　　　　答え (　　　　　　　)　　　　　　　答え (　　　　　　　)

**4** よく出る 次の円の直径の長さを求めましょう。　　　式·答え 各5点(20点)
① 円周が 47.1 cm の円　　　　　　② 円周が 25.12 m の円
式　　　　　　　　　　　　　　　　　式

　　　　　　答え (　　　　　　　)　　　　　　　答え (　　　　　　　)

思考・判断・表現 　　　　　　　　　　　　　　　　　　　　　　　　　　　　／43点

この本の終わりにある「冬のチャレンジテスト」をやってみよう！

**5** 直径が 24 cm の円の円周の長さは、半径が 4 cm の円の円周の長さの何倍ですか。

式・答え 各4点(8点)

式

答え（　　　　　　　　　　　）

**6** 車輪の直径が 50 cm の一輪車があります。この一輪車で 471 m のコースを 1 周すると、車輪は何回転しますか。

式・答え 各5点(10点)

式

答え（　　　　　　　　　　　）

**7** 右の図形の周りの長さは何 m ですか。

式・答え 各5点(10点)

式

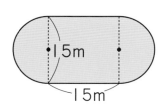

答え（　　　　　　　　　）

**8** 右の図の色をぬった部分の周りの長さは何 cm ですか。

式・答え 各5点(10点)

式

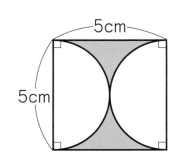

答え（　　　　　　　　　）

**9** 右の図のように、円の直径を 1 cm、2 cm、……と変えて円をかきます。直径が 1 cm ずつ増えると、円周は何 cm ずつ増えますか。

(5点)

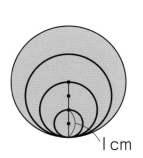

（　　　　　　　　　　　　　）

❶がわからないときは、96 ページの❶にもどって確にんしてみよう。

# 正多角形をかこう

📕教科書 212〜213 ページ　✏️答え 33 ページ

コンピュータに作業をさせるときの命令のまとまりをプログラムといいます。

下のような3つの命令のブロックを使って、📷を動かして正多角形をかくプログラムを作りましょう。

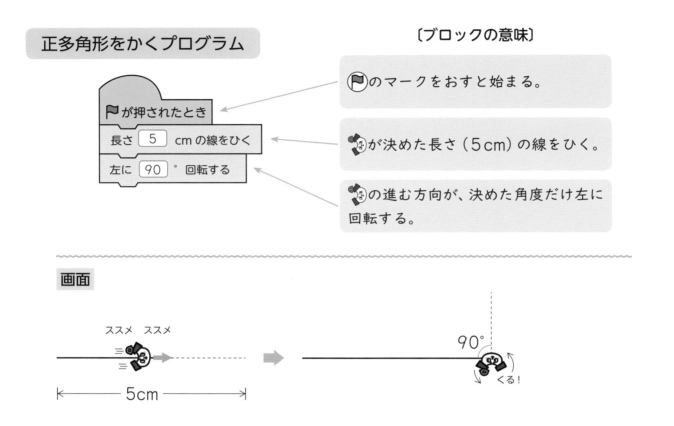

**1** 1辺の長さが5cmの正三角形をかくプログラムをつくります。□にあてはまる数を書きましょう。

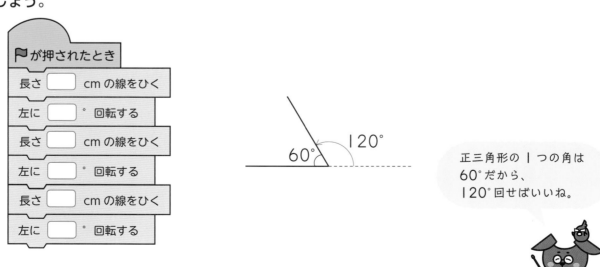

正三角形の1つの角は
60°だから、
120°回せばいいね。

**2** 同じ命令をくり返し使うときは、何回くり返すかを指定する右の
ブロックが使えます。

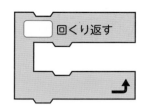

**1** の正三角形をつくるプログラムでは、次のように指定すればよいことになります。

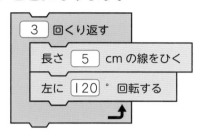

このブロックを使って、1辺の長さが4cmの正方形をかくプログラムをつくります。
◯にあてはまる数を書きましょう。

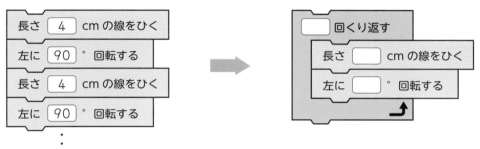

**3** 次のプログラムでは、それぞれどんな正多角形がかけますか。下の⑦〜⑨から選んで、記号で答えましょう。

① 

| 5 | 回くり返す |
| 長さ | 6 | cm の線をひく |
| 左に | 72 | °回転する |

② 

| 8 | 回くり返す |
| 長さ | 6 | cm の線をひく |
| 左に | 45 | °回転する |

③ 

| 6 | 回くり返す |
| 長さ | 6 | cm の線をひく |
| 左に | 60 | °回転する |

(　　　　　)　　　　(　　　　　)　　　　(　　　　　)

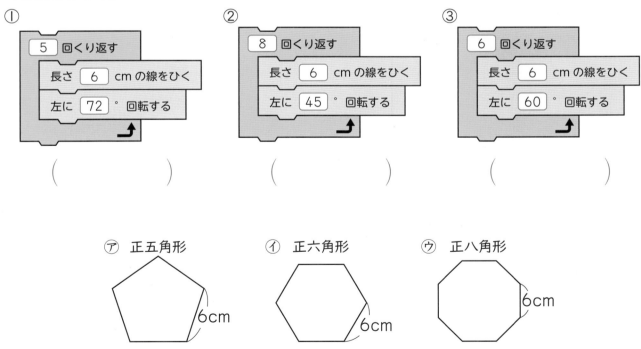

⑦　正五角形　　　　　④　正六角形　　　　　⑨　正八角形

6cm　　　　　　　　　6cm　　　　　　　　　6cm

# ぴったり1 準備

3分でまとめ

**16** 四角形と三角形の面積

## ① 平行四辺形の面積

学習日 　月　　日

教科書 218〜224ページ　答え 34ページ

✐ 次の ◯ にあてはまる数やことばを書きましょう。

◎ねらい 平行四辺形の面積の求め方を考えよう。　　練習 ①➡

🐾 平行四辺形の面積の求め方

平行四辺形の面積は、長方形に形を変えて求めます。

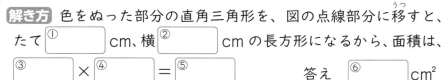

**1** 右の平行四辺形の面積を求めましょう。

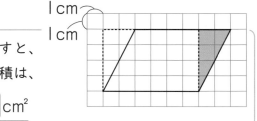

〔解き方〕色をぬった部分の直角三角形を、図の点線部分に移すと、

たて ◯① cm、横 ◯② cm の長方形になるから、面積は、

◯③ × ◯④ ＝ ◯⑤　　　　答え ◯⑥ cm²

◎ねらい 平行四辺形の面積を求められるようにしよう。　　練習 ②③➡

🐾 平行四辺形の面積の公式

**平行四辺形の面積＝底辺×高さ**

（高さは、底辺に垂直です。）

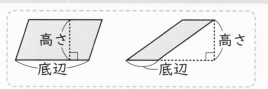

**2** 次の平行四辺形の面積を求めましょう。

(1)

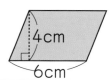

4cm
6cm

(2)

5cm
2cm

〔解き方〕(1) 平行四辺形の面積の公式は、

平行四辺形の面積＝ ◯① ×高さ

だから、6× ◯② ＝ ◯③

答え ◯④ cm²

(2) 底辺は2cm、高さは ◯① cm

だから、2× ◯② ＝ ◯③

答え ◯④ cm²

**3** 右のように平行四辺形の底辺を8cmと決めて、高さを1cmずつ増やしていきます。

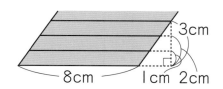

3cm
8cm　　1cm 2cm

(1) 高さを◯cm、面積を△cm²として表をつくります。

| 高さ◯(cm) | 1 | 2 | 3 | 4 | 5 |
|---|---|---|---|---|---|
| 面積△(cm²) | ① | ② | ③ | ④ | ⑤ |

(2) 高さ◯cmが2倍、3倍、4倍、……になると、面積△cm²も ◯① 倍、◯② 倍、◯③ 倍、……になるので、面積△cm²は高さ◯cmに ◯④ しているといえます。

教科書 218〜224 ページ　答え 34 ページ

**1** 右のような平行四辺形ＡＢＣＤがあります。

教科書 219 ページ **1**

① 直角三角形ＤＦＣを、直角三角形ＡＥＢに重なるように
移すと、長方形ができます。この長方形のたてと横の長さ
は何 cm ですか。

たて（　　　　　　　）　　　横（　　　　　　　）

② 平行四辺形ＡＢＣＤの面積は何 cm² ですか。

（　　　　　　　　）

**2** 次の平行四辺形の面積を求めましょう。

教科書 221 ページ **2**、223 ページ **3**

①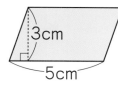

3cm
5cm

（　　　　　　　）

②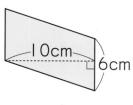

10cm
6cm

（　　　　　　　）

③

13cm
12cm
15cm

（　　　　　　　）

④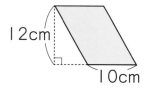

12cm
10cm

（　　　　　　　）

⑤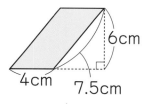

6cm
4cm
7.5cm

（　　　　　　　）

⑥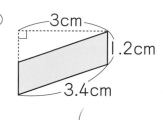

3cm
1.2cm
3.4cm

（　　　　　　　）

**📖 よくよんで**

**3** 右のような平行四辺形の高さを変えないで、底辺の長さを変え
ていきます。

教科書 224 ページ **4**

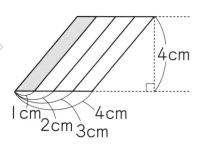

① 底辺を○ cm、面積を△ cm² とします。底辺を 1cm ずつ増や
していって表をつくりましょう。

| 底辺○（cm） | 1 | 2 | 3 | 4 | 5 | 6 |
|---|---|---|---|---|---|---|
| 面積△（cm²） | | | | | | |

② 底辺○ cm と面積△ cm² の関係を式に表しましょう。

（　　　　　　　　　　　　）

③ 面積△ cm² は底辺○ cm に比例しているといえますか。

（　　　　　　　　　）

**ヒント** ② ⑤ 高さは、底辺と底辺に向かい合った辺に垂直な直線です。

教科書 225〜229 ページ 答え 34 ページ

✎ 次の◯にあてはまる数やことばを書きましょう。

 ◎ねらい　三角形の面積の求め方を考えよう。　　　　　　　練習❶→

👣 三角形の面積の求め方

三角形の面積は、長方形や平行四辺形の面積を利用して求めます。

長方形の半分　　平行四辺形の半分

**1** 右の三角形の面積を求めましょう。

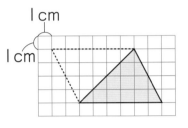

【解き方】形も大きさも同じ三角形を、点線の部分におくと、底辺が ①◯ cm、高さが ②◯ cm の平行四辺形になります。

だから、三角形の面積は、

③◯ × ④◯ ÷2＝⑤◯　　　　答え ⑥◯ cm²

◎ねらい　三角形の面積を求められるようにしよう。　　　　練習❷❸→

👣 三角形の面積の公式

**三角形の面積＝底辺×高さ ÷2**

（底辺を決めたとき、高さは、底辺に向かい合う頂点から底辺に垂直にひいた直線の長さです。）

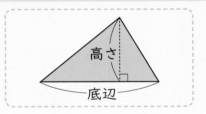
高さ
底辺

**2** 次の三角形の面積を求めましょう。

(1)
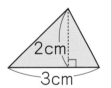
2cm
3cm

三角形の面積の公式は、

三角形の面積＝底辺× ①◯ ÷2

だから、3× ②◯ ÷2＝ ③◯

　　　　　答え ④◯ cm²

(2)
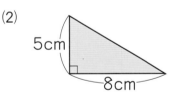
5cm
8cm

底辺が8cm、高さが ①◯ cm だから、公式にあてはめると、

8× ②◯ ÷2＝ ③◯

　　　　　答え ④◯ cm²

(3)

4cm
6cm

底辺が6cm、高さが ①◯ cm だから、公式にあてはめると、

6× ②◯ ÷2＝ ③◯　　　　答え ④◯ cm²

(3)のように、高さが三角形の外に出ていても、公式にあてはめて求められるよ。

教科書 225〜229ページ　答え 34ページ

## 1 右のような三角形ＡＢＣがあります。

教科書 225ページ 1

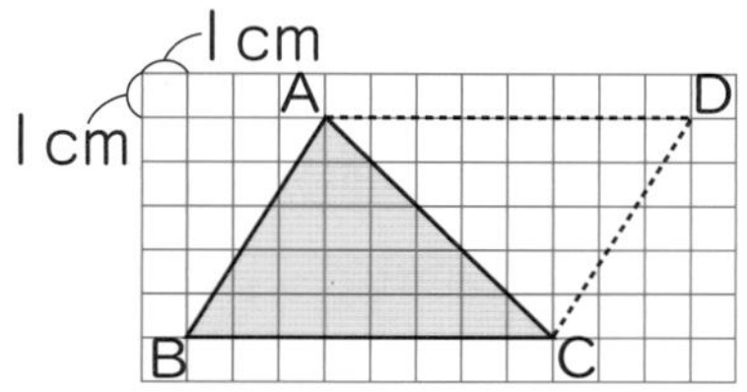
1cm
1cm
A
D
B
C

① 三角形ＡＢＣと合同な三角形ＣＤＡを、図のようにかくと、平行四辺形ＡＢＣＤができます。この平行四辺形の底辺と高さは何cmですか。

底辺（　　　　）　高さ（　　　　）

② 三角形ＡＢＣの面積は何cm²ですか。

（　　　　）

## 2 次の三角形の面積を求めましょう。

教科書 227ページ 2、229ページ 3

①
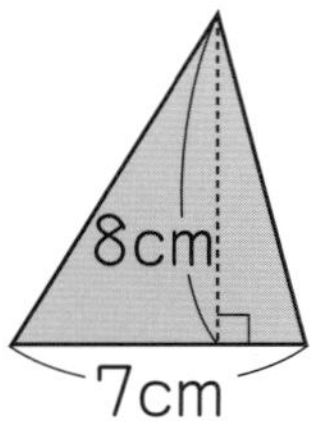
8cm
7cm

②
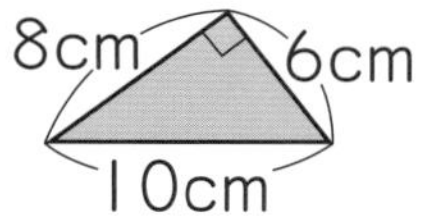
8cm
6cm
10cm

③
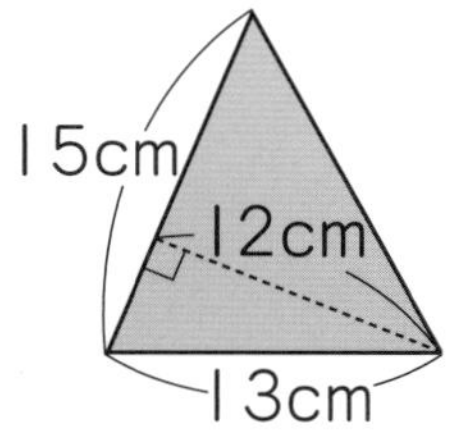
15cm
12cm
13cm

（　　　　）　（　　　　）　（　　　　）

④
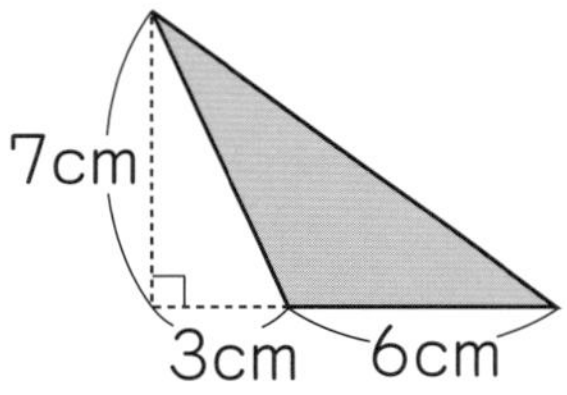
7cm
3cm
6cm

⑤
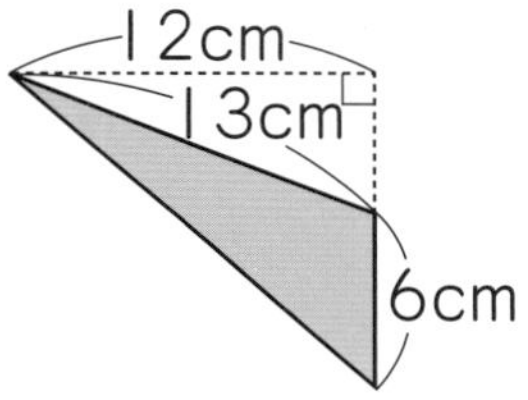
12cm
13cm
6cm

⑥
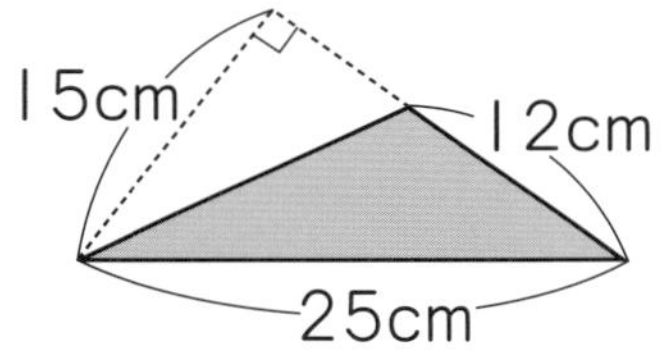
15cm
12cm
25cm

（　　　　）　（　　　　）　（　　　　）

**! まちがい注意**

## 3 右の図で、ⓐとⓘは平行です。

教科書 229ページ 3

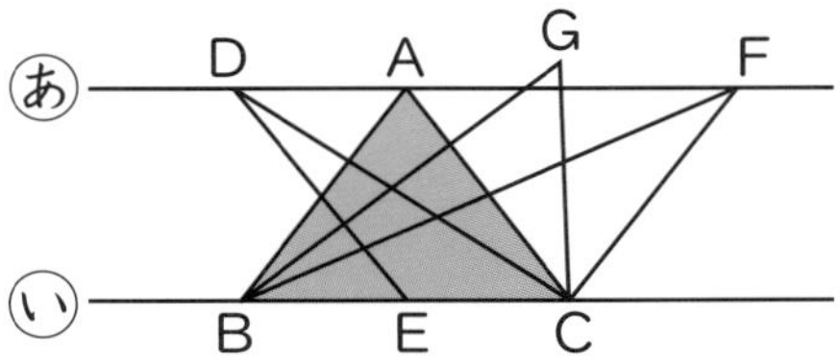
あ
い
D
A
G
F
B
E
C

① 三角形ＡＢＣと面積が等しい三角形はどれですか。

（　　　　）

② ①の三角形の面積が等しいわけを説明しましょう。

（　　　　）

ヒント 2 底辺と高さを正しく読みとりましょう。底辺と高さが垂直になっているかを確かめましょう。

ぴったり1
準備

16　四角形と三角形の面積
③　いろいろな四角形の面積
④　面積の求め方のくふう

学習日
　　　月　　　日

教科書 230～234 ページ　　答え 35 ページ

次の□にあてはまる数やことばを書きましょう。

**ねらい** 台形やひし形の面積を求められるようにしよう。　　練習 ①～④→

**台形の面積の求め方**
台形の面積＝（上底＋下底）×高さ ÷2
（高さは、上底と下底に垂直です。）

**ひし形の面積の求め方**
ひし形の面積＝対角線×対角線 ÷2
（2つの対角線は垂直で、それぞれの真ん中の点で交わります。）

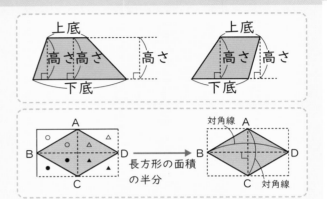

**1** 次の台形とひし形の面積を求めましょう。

(1)

(2)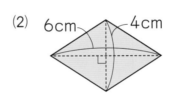

**解き方** (1)　台形の面積の公式は、
台形の面積＝$\left(上底＋\boxed{①}\right)$×高さ ÷2
だから、$\left(4＋\boxed{②}\right)$×3÷2＝$\boxed{③}$
答え $\boxed{④}$ cm²

(2)　ひし形の面積の公式は、
ひし形の面積＝対角線×$\boxed{①}$÷2
だから、4×$\boxed{②}$÷2＝$\boxed{③}$
答え $\boxed{④}$ cm²

**ねらい** くふうして、図形の面積を求められるようにしよう。　　練習 ④→

四角形や五角形などの面積は、いくつかの三角形や面積が求められる四角形に分けると求めることができます。

右の五角形ＡＢＣＤＥの面積＝三角形ＡＢＥの面積＋台形ＢＣＤＥの面積

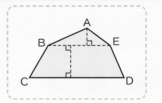

**2** 次の四角形の面積を求めましょう。

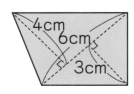

**解き方** 四角形を、底辺が$\boxed{①}$cm で高さが4cm と、底辺が6cm で高さが$\boxed{②}$cm の、2つの$\boxed{③}$に分けて面積を求めます。
6×$\boxed{④}$÷2＋$\boxed{⑤}$×3÷2＝$\boxed{⑥}$
答え $\boxed{⑦}$ cm²

ぴったり2
練習

★ できた問題には、「た」を書こう！★
でき ① でき ② でき ③ でき ④

学習日　　月　　日

教科書 230〜234 ページ　　答え 35 ページ

**1** 右の図のように、台形ＡＢＣＤと合同な台形ＥＦＤＣ を組み合わせて、平行四辺形ＡＢＥＦをつくる方法で、台 形ＡＢＣＤの面積を求めましょう。　教科書 230ページ 1

（　　　　　　　）

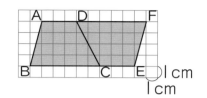

**2** 次の台形の面積を求めましょう。　教科書 231ページ 2

①

（　　　　　　　）

②

（　　　　　　　）

**3** 右の図のように、まわりに長方形をつくって、ひし形 ＡＢＣＤの面積を求めましょう。　教科書 232ページ 3

（　　　　　　　）

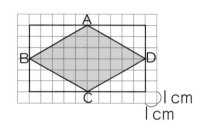

！ まちがい注意

**4** 次の図形の面積を求めましょう。　教科書 232ページ 3、234ページ 1

① （ひし形）

（　　　　　　　）

② （ひし形）

（　　　　　　　）

③

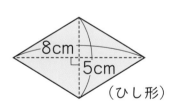

（　　　　　　　）

④

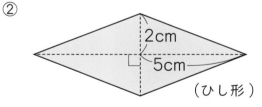

（　　　　　　　）

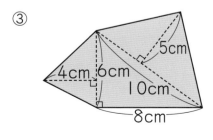 **4** ③④ 三角形や台形、長方形など、面積が求められる形に分けて考えます。

# ⑯ 四角形と三角形の面積

教科書 218〜236 ページ 　 答え 35 ページ

**知識・技能** 　 ／56点

**1** よく出る 次の平行四辺形や三角形の面積を求めましょう。 式・答え 各4点(16点)

① 底辺 6.5 cm、高さ 4 cm の平行四辺形 　 ② 底辺 10 cm、高さ 8 cm の三角形

式 　 式

答え（ 　 ） 　 答え（ 　 ）

**2** よく出る 次の平行四辺形や台形、ひし形の面積を求めましょう。 式・答え 各4点(24点)

①
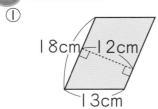

②
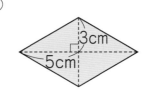

③

式 　 式 　 式

答え（ 　 ） 　 答え（ 　 ） 　 答え（ 　 ）

**3** 次の四角形の面積を求めましょう 式・答え 各4点(16点)

①
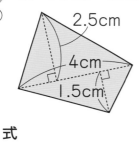

②
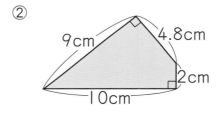

式 　 式

答え（ 　 ） 　 答え（ 　 ）

**思考・判断・表現** 　 ／44点

**4** 次の三角形や平行四辺形の色のついた部分の面積を求めましょう。 式・答え 各4点(16点)

①
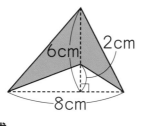

②

式 　 式

答え（ 　 ） 　 答え（ 　 ）

**5** 次の図で、◯の三角形の面積は、あの三角形の面積の何倍ですか。　各4点(8点)

①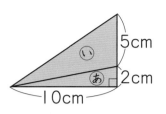

②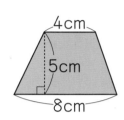

（　　　　　　）　　　　　　（　　　　　　）

**6** 右の図のような台形の面積を求めます。

$(4+8)×(5÷2)$

の式になる考え方は、次のあ〜うのどの図から考えたものですか。(4点)

あ 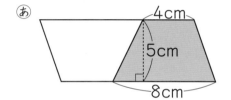　　い 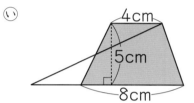　　う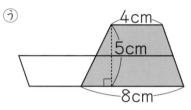

（　　　　　　）

**7** 三角形の底辺を6cmと決めて、高さを変えていきます。高さと面積の変わり方を調べます。　各4点、①③は完答(16点)

① 高さを◯cm、面積を△cm²とします。高さ◯cmを1cmずつ増やしていくと、面積△cm²はどのように変わりますか。下の表にあてはまる数を書きましょう。

| 高さ◯(cm) | 1 | 2 | 3 | 4 | 5 | |
|---|---|---|---|---|---|---|
| 面積△(cm²) | 3 | | | | | |

② 高さ◯cmが2倍、3倍になると、面積△cm²はどうなりますか。

（　　　　　　）

③ 高さ◯cmと面積△cm²の関係を式に表します。□にあてはまる記号を書きましょう。

$6×\boxed{\phantom{XX}}÷2=\boxed{\phantom{XX}}$

④ 面積△cm²は高さ◯cmに比例しているといえますか。

（　　　　　　）

ぴったり① 準備

3分でまとめ

⑰ 速さ

① 速さ -1

学習日　　月　　日

📖 教科書　238〜242ページ　🔚 答え　36ページ

✏️ 次の ☐ にあてはまる数やことばを書きましょう。

🎯 ねらい　速さの比べ方を考えよう。　　　　　　　　練習 ❶ ❷ →

🐾 速さの比べ方

速さは次の計算をして、単位量あたりの大きさの考え方を使って比べます。

★道のり÷時間（たとえば、１秒あたりに進んだ道のり）
★時間÷道のり（たとえば、１ｍあたりにかかった時間）

**1** さとしさんは 50ｍ を 8秒で走ります。ゆうとさんは 80ｍ を 12.5秒で走ります。どちらが速く走りますか。

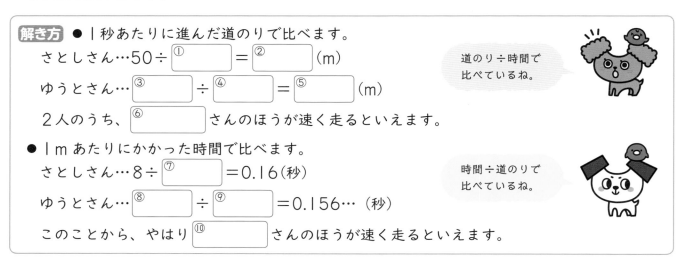

解き方 ●１秒あたりに進んだ道のりで比べます。

さとしさん…50÷①☐ ＝②☐（ｍ）

ゆうとさん…③☐ ÷④☐ ＝⑤☐（ｍ）

道のり÷時間で
比べているね。

２人のうち、⑥☐ さんのほうが速く走るといえます。

●１ｍあたりにかかった時間で比べます。

さとしさん…8÷⑦☐ ＝0.16（秒）

ゆうとさん…⑧☐ ÷⑨☐ ＝0.156…（秒）

時間÷道のりで
比べているね。

このことから、やはり⑩☐ さんのほうが速く走るといえます。

🎯 ねらい　速さを求めることができるようにしよう。　　練習 ❸ →

🐾 速さを求める式　速さは、単位時間あたりに進む道のりで表します。

速さ＝道のり÷時間
★時速…１時間あたりに進む道のりで表した速さ
★分速…１分あたりに進む道のりで表した速さ
★秒速…１秒あたりに進む道のりで表した速さ

**2** 144km の道のりを２時間で走る列車の時速、分速、秒速を求めましょう。

解き方 ●時速は、１時間あたりに進む道のりで表した速さだから、

144÷①☐ ＝②☐（km）となります。

●分速は、１分あたりに進む道のりで表した速さで、２時間は 120分間だから、

144÷120＝③☐（km）となります。

●秒速は、１秒あたりに進む道のりで表した速さで、２時間は 7200秒間だから、

144÷7200＝④☐（km）となります。

教科書 238〜242 ページ　答え 36 ページ

**1** 右の表は、なおみさんとゆうじさんが自転車で走った道のりと時間を表したものです。

教科書 239 ページ **1**、241 ページ **2**

走った道のりと時間

| | 道のり（m） | 時間（分） |
|---|---|---|
| なおみ | 3000 | 12 |
| ゆうじ | 2310 | 7 |

① なおみさんは、1分あたりに何m走りますか。

（　　　　　）

② なおみさんとゆうじさんでは、どちらが速いですか。

（　　　　　）

**2** 5分で3.2km走る自動車Aと、12分で8.4km走る自動車Bでは、どちらが速いですか。

教科書 239 ページ **1**、241 ページ **2**

（　　　　　）

**3** 次の速さを求めましょう。

教科書 241 ページ **2**

① 6時間で420km進む電車の時速

（　　　　　）

② 3600mを20分で走る自転車の分速

（　　　　　）

③ 3.2kmを40分で歩く人の分速

（　　　　　）

④ 3kmを10秒で飛ぶジェット機の秒速

（　　　　　）

ヒント ③ ③ 道のりをmで表してから速さを求めると、計算がかんたんになります。

📖 教科書 243〜245 ページ ➡答え 37 ページ

✏️ 次の◯◯にあてはまる数を書きましょう。

🎯 **ねらい** 道のりを求めることができるようにしよう。 練習 **1 2** ➡

🐾 **道のりを求める式**

道のりは、速さを求める式を変形して、次の式で求めることができます。

┌─────────────────────┐
│ **道のり ＝ 速さ × 時間** │
└─────────────────────┘

時間の単位は、速さが時速のときは時間、分速なら分、秒速なら秒とするよ。

**1** 時速 60 km の自動車は、2.5 時間では何 km 進みますか。

**解き方** 道のりは、速さ×時間で求められます。

速さは時速①◯◯ km、走る時間は②◯◯ 時間です。

進む道のりは、③◯◯ × ④◯◯ = ⑤◯◯ (km)となります。

答え ⑥◯◯ km

**2** 分速 60 m で歩く人は、25 分では何 km 進みますか。

**解き方** 分速 60 m だから、60×①◯◯ = 1500(m)

1 km=1000 m だから、1500 m=②◯◯ km となります。

答え ③◯◯ km

🎯 **ねらい** 時間を求めることができるようにしよう。 練習 **1 3** ➡

🐾 **時間を求める式**

時間は、速さを求める式を変形して、次の式で求めることができます。

┌─────────────────────┐
│ **時間 ＝ 道のり ÷ 速さ** │
└─────────────────────┘

かかる時間を□時間として、道のり ＝ 速さ × 時間にあてはめてもいいね。

**3** 学校から駅まで 1.2 km あります。分速 80 m で歩くと、学校から駅まで何分かかりますか。

**解き方** 時間は、道のり÷速さで求められます。

単位をそろえるため、1.2 km を①◯◯ m になおして考えます。

道のりは②◯◯ m、速さは分速③◯◯ m です。

かかる時間は、④◯◯ ÷ ⑤◯◯ = ⑥◯◯ (分)となります。

答え ⑦◯◯ 分

分速と道のりの単位がちがうね。そろえてから公式にあてはめよう。

★ できた問題には、「た」を書こう！★

でき 1　でき 2　でき 3

教科書 243〜245 ページ　答え 37 ページ

**1** ある電車は、時速 72 km で走ります。　教科書 243 ページ **3**、244 ページ **4**

① この電車が、4 時間に進む道のりは何 km ですか。

（　　　　　　　）

② この電車が 180 km 進むには、何時間かかりますか。

（　　　　　　　）

**2** 次の道のりを求めましょう。　教科書 243 ページ **3**、245 ページ **5**

① 分速 70 m で歩く人が 20 分で歩く道のりは何 m ですか。

（　　　　　　　）

② 時速 60 km で走るバスが 15 分で進む道のりは何 km ですか。

（　　　　　　　）

③ 秒速 8 m の馬が 4 分で進む道のりは何 m ですか。

（　　　　　　　）

**3** 次の時間を求めましょう。　教科書 244 ページ **4**、245 ページ **5**

① 時速 65 km で走るオートバイが 390 km 進むには、何時間かかりますか。

（　　　　　　　）

② 分速 200 m の自転車が 3.2 km 進むには、何分かかりますか。

（　　　　　　　）

③ 秒速 25 m で走る電車が 1.2 km 進むには、何秒かかりますか。

（　　　　　　　）

ヒント ② ② 速さを分速になおして考えます。時速 60 km＝分速 1 km です。

知識・技能　　　　　　　　　　　　　　　　　／60点

**1** たけしさんとけんたさんが自転車に乗って、進んだ道のりと
かかった時間をはかったら、右の表のようになりました。

式・答え 各4点、答えは完答(24点)

|  | 道のり | 時間 |
|---|---|---|
| たけし | 6km | 30分 |
| けんた | 5km | 20分 |

① それぞれ 1 分あたりに何 km 進んだかを求めましょう。
　式

　　　　　　　　　　答え　たけし（　　　　　　　）けんた（　　　　　　　）

② ①の答えから、どちらが速いといえますか。

　　　　　　　　　　　　　　　　　　　　（　　　　　　　）

③ それぞれ 1 km あたりに何分かかったかを求めましょう。
　式

　　　　　　　　　　答え　たけし（　　　　　　　）けんた（　　　　　　　）

④ ③の答えから、どちらが速いといえますか。

　　　　　　　　　　　　　　　　　　　　（　　　　　　　）

**2** よく出る 次の速さを求めましょう。

式・答え 各4点(16点)

① 258 km 進むのに 3 時間かかる列車の時速
　式

　　　　　　　　　　　　　　　　答え（　　　　　　　）

② 4800 m の道のりを 1 時間 15 分かかって歩いた人の分速
　式

　　　　　　　　　　　　　　　　答え（　　　　　　　）

**3** よく出る 次の道のりや時間を求めましょう。　　　　式・答え 各5点(20点)

① 分速90mで歩く人が15分歩いたときの道のり
式

答え（　　　　　　　　）

② 秒速30mのチーターが150m走るのにかかる時間
式

答え（　　　　　　　　）

---

**思考・判断・表現**　　　　　　　　　　　　　　　　　　　　／40点

**4** よく出る どちらが速いでしょうか　　　　式・答え 各5点(20点)

① 分速1.2kmのオートバイと秒速25mのトラック
式

答え（　　　　　　　　）

② 秒速10mのつばめと時速35kmのバス
式

答え（　　　　　　　　）

**5** 分速200mの自転車で35分かかる道のりを、分速70mで歩くと、何時間何分かかりますか。
式・答え 各5点(10点)
式

答え（　　　　　　　　）

でき**たらスゴイ!**

**6** 長さ70mの電車が、長さ130mのトンネルに入り始めてから出るまでに8秒かかりました。この電車は、秒速何mで走っていますか。
式・答え 各5点(10点)
式

答え（　　　　　　　　）

ふりかえり　❶がわからないときは、112ページの**1**にもどって確にんしてみよう。

教科書 248〜253 ページ　答え 38 ページ

✏️ 次の ☐ にあてはまる数やことばを書きましょう。

🎯 **ねらい** 角柱の性質について理解しよう。　　練習 ①③➡

🐾 **角柱** …上下の2つの面が平行で、合同な多角形になっている立体。

**底面**（ていめん）…角柱の上下の平行な2つの面
→ 底面と側面は垂直（すいちょく）

**側面**（そくめん）…周りの面（側面の形は、長方形か正方形）

**高さ** …角柱の2つの底面に垂直な直線の長さ

角柱の種類 ┬ **三角柱**（さんかくちゅう）…底面の形が三角形
　　　　　　├ **四角柱**（しかくちゅう）…底面の形が四角形
　　　　　　└ **五角柱**（ごかくちゅう）…底面の形が五角形

このほかにも、六角柱、七角柱、……と、たくさんあります。

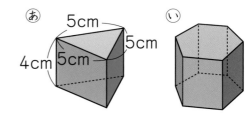

角柱（三角柱）
底面
頂点（ちょうてん）
高さ
側面
辺
底面

**1** 右の立体について調べましょう。

(1) あ、いは、それぞれ何という立体ですか。

(2) あ、いで、2つの底面はどのような関係になっていますか。

(3) あの高さは、何 cm ですか。

あ 5cm 5cm 4cm 5cm　い

**解き方** (1) あは ☐① 　、いは ☐② 　です。

(2) あ、いのどちらの立体でも、2つの底面どうしは ☐ です。

(3) あの高さは ☐ cm です。

🎯 **ねらい** 円柱の性質について理解しよう。　　練習 ②③➡

🐾 **円柱** …上下の2つの面が平行で、合同な円になっている立体。

円柱の底面、側面、高さは、右の図の通りだよ。
円柱の側面は曲面（きょくめん）になっているね。

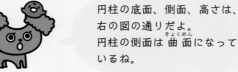

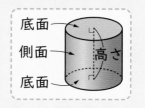
底面
側面
高さ
底面

**2** 右の立体について調べましょう。

(1) 何という立体ですか。

(2) 高さは何 cm ですか。

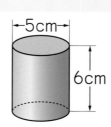
5cm
6cm

**解き方** (1) この立体は ☐ です。

(2) この立体の高さは ☐ cm です。

ぴったり2
練習

★ できた問題には、「た」を書こう！★
😊 でき 1　😊 でき 2　😊 でき 3

学習日
月　　　日

教科書 | 248〜253 ページ　答え | 38 ページ

**1** 下の図のあ〜うの立体について、表にあてはまる数やことばを書きましょう。

教科書 | 253 ページ **3**

あ 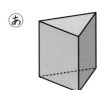　い 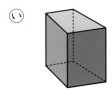　う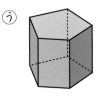

|  | あ | い | う |
|---|---|---|---|
| 立体の名前 |  |  |  |
| 頂点の数 |  |  |  |
| 辺の数 |  |  |  |
| 面の数 |  |  |  |

**2** 右の図は、ある立体の見取図です。

教科書 | 251 ページ **2**

① この立体の名前を書きましょう。

（　　　　　　　　）

② 2つの底面はどんな関係になっていますか。

（　　　　　　　　）

③ 高さは何 cm ですか。

（　　　　　　　　）

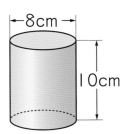
←8cm→
10cm

**！ まちがい注意**

**3** 下の図を見て、答えましょう。

教科書 | 251 ページ **2**

あ 　い 　う 　え 　お

① それぞれの立体の名前を書きましょう。

あ（　　　　　　　　）　い（　　　　　　　　）　う（　　　　　　　　）

え（　　　　　　　　）　お（　　　　　　　　）

② 曲面のある立体を選んで、記号を書きましょう。

（　　　　　　　　）

 ❸ ① まず、底面がどれかを見つけます。底面の形によって、それぞれの立体の名前が
決まります。

119

教科書 | 254〜256 ページ　答え | 38 ページ

✏️ 次の ▢ にあてはまる数やことばを書きましょう。

**◎ねらい** 角柱や円柱の見取図と展開図について理解しよう。　練習 ❶ ❷ ❸→

### 🐾 角柱、円柱の見取図と展開図

　右の図のように、見ただけで全体のおよその形がわかる図を**見取図**といいます。

　見取図では、見えない辺などは点線でかきます。

三角柱　五角柱　円柱

● 角柱の展開図では、側面の形は長方形になります。この長方形の横の長さは底面の周りの長さに等しく、たての長さは角柱の高さに等しくなります。

● 円柱の展開図では、側面の形は長方形になります。また、この長方形の横の長さは底面の円周の長さに等しくなります。

三角柱　円柱

**1**　右の①は⑦の展開図、②は⑨の展開図です。⑧、⑩の長さは何 cm ですか。

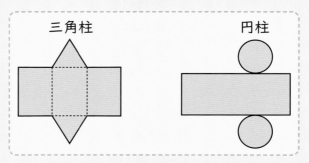

⑦ 3cm 2cm 4cm 5cm

① 3cm 3cm 2cm A 4cm 2cm D ⑧ B C

**解き方** ①の展開図で、長方形ＡＢＣＤは側面の展開図なので、⑧は ▢① cm です。

　②の長方形ＥＦＧＨは、円柱の側面の展開図です。辺ＥＨの長さは、底面の円の ▢② の長さと同じになるので、⑩は

▢③ ×3.14＝▢④ (cm) となります。

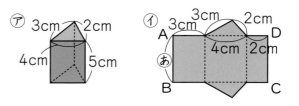

⑨ 4cm 5cm

② 4cm E H 5cm ⑩ F G

**2**　右の展開図からできる立体の名前を書きましょう。

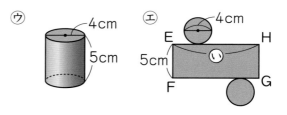

(1)

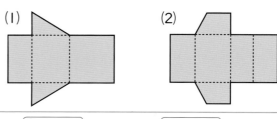

(2)

**解き方** (1) 底面は２つあって、▢① 形で、側面は ▢② 形なので、▢③ です。

(2) 底面が ▢① 形の角柱なので、▢② です。

ぴったり 2
練習

学習日
月　　　日

★ できた問題には、「た」を書こう！★
でき 1　でき 2　でき 3

教科書 254〜256 ページ　答え 38 ページ

**1** 右の展開図を見て答えましょう。
教科書 255 ページ **2**

① これは、何という立体の展開図ですか。
（　　　　　）

② 立体の高さは何 cm ですか。
（　　　　　）

③ 組み立てたとき、辺ＢＣと重なる辺はどれですか。
（　　　　　）

④ 辺ＡＪの長さは何 cm ですか。
（　　　　　）

⑤ 辺ＥＦの長さは何 cm ですか。
（　　　　　）

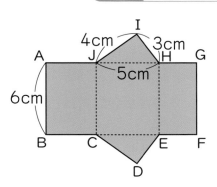

角柱の側面の数は、１つの底面の辺の数と同じだね。

**2** 右の⑦の円柱の展開図が⑦です。
教科書 256 ページ **3**

① 円柱の高さは何 cm ですか。
（　　　　　）

② 底面の半径は何 cm ですか。
（　　　　　）

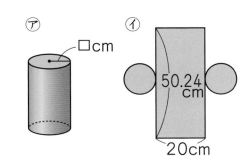

**!まちがい注意**

**3** 底面が、１辺４cm の正三角形で、高さが
６cm の三角柱の展開図をかきます。
右の図の続きをかいて、完成させましょう。
教科書 255 ページ **2**

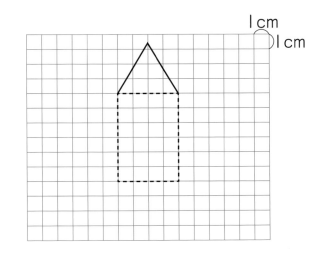

ヒント　**2** ②　側面の長方形のたての長さと、底面の円周の長さは等しくなります。

# ⑱ 角柱と円柱

時間 **30**分

／100

合格 **80**点

教科書 248〜258 ページ　答え 39 ページ

知識・技能　　　　　　　　　　　　　　　　　　　　　　　／60点

**1** 右の角柱について、□ にあてはまる数やことばを書きましょう。　各5点（15点）

① この角柱の底面の形は、□ です。

② この角柱の名前は、□ です。

③ この角柱には、面が □ つあります。

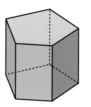

**2** よく出る 次の立体の名前を書きましょう。　各5点（15点）

① ② ③

　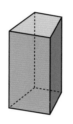　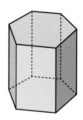

（　　　　　　）　　（　　　　　　）　　（　　　　　　）

**3** よく出る 右の図は、ある立体の見取図です。　各5点（25点）

① この立体の名前を書きましょう。

（　　　　　　）

② 底面はどんな形ですか。

（　　　　　　）

③ 側面はどんな形ですか。

（　　　　　　）

④ 辺と頂点は、それぞれいくつありますか。

辺 （　　　　　　）　頂点 （　　　　　　）

**4** 下の図のような角柱の展開図をかきます。右の図の続きをかいて完成させましょう。　(5点)

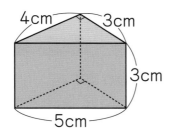

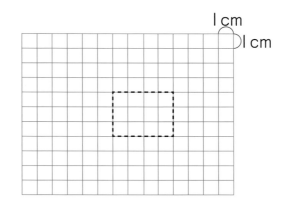

---

思考・判断・表現　　　　　　　　　　　　　　　　　　　　　　　　／40点

**5** 右の図は、三角柱の展開図です。　　　　　　　　　　　　各5点(25点)

① この展開図を組み立てたとき、辺CDと重なる辺は
どの辺ですか。

（　　　　　　　　）

② この展開図を組み立てたとき、頂点Aに集まる点を
全部書きましょう。

（　　　　　　　　）

③ この角柱の底面は、どんな形ですか。

（　　　　　　　　）

④ この角柱の底面のまわりの長さは、何cmですか。

（　　　　　　　　）

⑤ この角柱の高さは、何cmですか。

（　　　　　　　　）

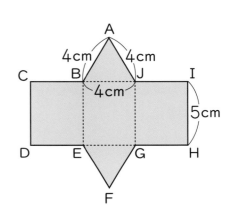

**6** 右の図は、ある立体の展開図です。　　　　　　　　　　各5点(15点)

① この立体の名前を書きましょう。

（　　　　　　　　）

② この立体の高さは何cmですか。

（　　　　　　　　）

③ 辺ADの長さは何cmですか。

（　　　　　　　　）

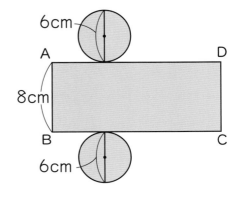

ふりかえり　❶がわからないときは、118ページの❶にもどって確にんしてみよう。

考えてみよう
# 変わり方を調べよう

📖 教科書 260〜261ページ　📝 答え　39ページ

**1** 下の図のように、マッチぼうを使って正三角形を横にならべていきます。

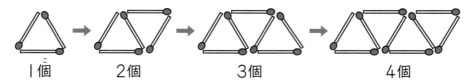

1個　　2個　　3個　　4個

① 三角形の数が1個から5個のときに使うマッチぼうの数を表に書きましょう。

| 正三角形の数　（個） | 1 | 2 | 3 | 4 | 5 | |
|---|---|---|---|---|---|---|
| マッチぼうの数（本） | 3 | 5 | 7 | ㋐ | ㋑ | |

2　　2　　㋒　　㋓

② 上の表から、正三角形が1個増えると、マッチぼうの数は何本増えますか。

（　　　　　　　）

表から、きまりを
見つけよう。

③ 正三角形5個のときのマッチぼうの数を、下の図のように考えました。◻にあてはまる数を書いて、マッチぼうの数と正三角形の数の関係を式に表しましょう。

（マッチぼうの数）＝3＋ ㋐◻ ×（増やす正三角形の数）
　　　　　　　　　　㋐　　　　　　　　　㋑

・上の式を使って、正三角形が5個のときのマッチぼうの数を求めましょう。

3＋2×（5− ㋑◻ ）＝3＋2× ㋒◻ ＝ ㋓◻
　　　　（増やす正三角形の数）

答え ㋔◻ 本

④ ③の式を使って、正三角形の数が10個のときのマッチぼうの数を求めましょう。

式

答え（　　　　　　　）

**2** 次の図のように、1辺が1cmの正方形を横につないでいきます。

① 正方形の数が1個から5個のときにできる図形の周りの長さを表に書きましょう。

| 正方形の数 （個） | 1 | 2 | 3 | 4 | 5 | |
|---|---|---|---|---|---|---|
| 周りの長さ （cm） | 4 | | | | | |

② ①の表から、正方形が1個増えると、図形の周りの長さはどう変わりますか。

（　　　　　　　　　）

③ 正方形の数を□個、できる図形の周りの長さを○cmとして、□と○の関係を式に表しましょう。

（　　　　　　　　　）

④ 正方形の数が8個のとき、できる図形の周りの長さは何cmですか。

（　　　　　　　　　）

⑤ 正方形の数が15個のとき、できる図形の周りの長さは何cmですか。

変わり方のきまりを式に表すと、正方形の数が多くなっても、計算で求められるよ。

（　　　　　　　　　）

125

**5年の復習①**

学習日 　　月　　日

時間 **20** 分

／100

合格 **80** 点

教科書 **264〜267** ページ　答え **40** ページ

**①** 次の数を書きましょう。　　各5点(10点)

① 73.5 の 10 倍の数

（　　　　　　　）

② 60.2 の $\frac{1}{100}$ の数

（　　　　　　　）

**②** 次の数について答えましょう。

各5点、①は完答(10点)

1　28　9　17　59　34　42

① 偶数と奇数に分けましょう。

偶数（　　　　　　　）

奇数（　　　　　　　）

② 3の倍数をすべて選びましょう。

（　　　　　　　）

**③** （　）の中の数の最小公倍数を求めましょう。

各5点(15点)

① （6　8）

（　　　　　　　）

② （12　15）

（　　　　　　　）

③ （4　6　9）

（　　　　　　　）

**④** （　）の中の数の最大公約数を求めましょう。

各5点(15点)

① （15　18）

（　　　　　　　）

② （12　16）

（　　　　　　　）

③ （16　36）

（　　　　　　　）

**⑤** 次の分数を通分しましょう。　各5点(15点)

① $\left(\dfrac{3}{5}\quad\dfrac{1}{2}\right)$

（　　　　　　　）

② $\left(\dfrac{5}{9}\quad\dfrac{7}{12}\right)$

（　　　　　　　）

③ $\left(\dfrac{3}{16}\quad\dfrac{7}{24}\right)$

（　　　　　　　）

**⑥** 次の分数を約分しましょう。　各5点(15点)

① $\dfrac{14}{20}$

（　　　　　　　）

② $\dfrac{21}{28}$

（　　　　　　　）

③ $\dfrac{24}{36}$

（　　　　　　　）

**⑦** 分数は小数や整数で、小数は分数で表しましょう。

各5点(20点)

① $\dfrac{5}{8}$　　　　　② $\dfrac{56}{7}$

（　　　）　　（　　　）

③ 2.7　　　　　④ 0.03

（　　　）　　（　　　）

# まとめのテスト

## 5年の復習②

教科書 **264〜267 ページ**　　答え **40 ページ**

**1** 計算をしましょう。　　各5点(30点)

① 0.7×0.9

② 5.6÷0.4

③
```
  1.8
× 3.5
```

④
```
  7 2.5
× 0.4 3
```

⑤
```
7.5)3 6
```

⑥
```
2.1 8)3.0 5 2
```

**2** 計算をしましょう。　　各5点(20点)

① $\frac{1}{4}+\frac{2}{3}$

② $\frac{5}{6}-\frac{7}{10}$

③ $1\frac{1}{3}+\frac{7}{9}$

④ $4\frac{1}{5}-2\frac{1}{2}$

**3** 18.5Lのジュースを1.2Lずつびんに分けています。1.2L入りのびんが何本できて、何Lあまりますか。　　(7点)

( 　　　　　　 )

**4** 先週の5日間に、5年生が図書室から借り出した本の数を調べたら、下の表のようになりました。1日平均何さつ借り出したことになりますか。　　(7点)

| 曜　日 | 月 | 火 | 水 | 木 | 金 |
|---|---|---|---|---|---|
| 本の数(さつ) | 17 | 22 | 0 | 19 | 20 |

( 　　　　　　 )

**5** 次の図形の面積を求めましょう。

各7点(28点)

① 三角形

( 　　　　　　 )

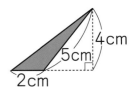

② 平行四辺形

( 　　　　　　 )

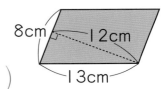

③ 台形

( 　　　　　　 )

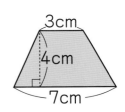

④ ひし形

( 　　　　　　 )

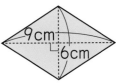

**6** 右の図で、色のついた部分のまわりの長さを求めましょう。

(8点)

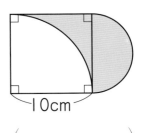

( 　　　　　　 )

まとめのテスト

5年の復習③

学習日 　月　　日

時間 20分 ／100
合格 80点

教科書 264〜267ページ ▷ 答え 41ページ

**1** 下の図は、ある立体の展開図です。

各6点(12点)

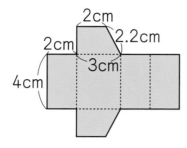

2cm
2cm
2.2cm
3cm
4cm

① この展開図を組み立ててできる立体の名前を書きましょう。

（　　　　　　　）

② 底面のまわりの長さは何cmですか。

（　　　　　　　）

**2** 円周の長さが28.26cmの円の直径を求めましょう。　式・答え 各5点(10点)

式

答え（　　　　　　　）

**3** 次の小数で表した割合を百分率で、百分率で表した割合を小数で表しましょう。

各6点(24点)

① 0.38　　　　（　　　　　　　）

② 0.07　　　　（　　　　　　　）

③ 9%　　　　（　　　　　　　）

④ 113%　　　（　　　　　　　）

**4** □にあてはまる数を書きましょう。

各6点(12点)

① 42cmは、120cmの □ %です。

② 500人の48%は □ 人です。

**5** パン屋で、これまでに156個のパンが売れました。これは、つくったパンのうちの60%です。パンは何個つくりましたか。

式・答え 各7点(14点)

式

答え（　　　　　　　）

**6** 自転車で25分走ったら6km進みました。速さは、分速何mですか。

式・答え 各7点(14点)

式

答え（　　　　　　　）

**7** よく見るテレビ番組のアンケート結果が次の円グラフのようになりました。

各7点(14点)

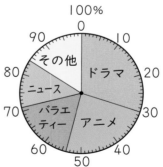

テレビ番組のアンケート調査

① アニメを見る人は全体の約何分の1ですか。

（　　　　　　　）

② ニュースを見る人は全体の何%ですか。

（　　　　　　　）

大日本図書版・小学算数5年

# 夏のチャレンジテスト

教科書 16〜106ページ

答え42ページ

合格80点　／100

時間　40分

月　　日

名前

---

知識・技能　　／54点

## 1 次の数を書きましょう。　各2点(6点)

① 38.2÷100

② 0.05の100倍の数

③ 8.01の $\frac{1}{10}$ の数

## 2 次の □ にあてはまる数を書きましょう。　各2点(4点)

① 1L ＝ [ ] cm³

② 1m³ ＝ [ ] cm³

---

## 5 次の計算をしましょう。　各3点(12点)

①
$$
\begin{array}{r}
9.5 \\
\times\ \ 3 \\
\hline
\end{array}
$$

②
$$
\begin{array}{r}
16.7 \\
\times\ \ 1.4 \\
\hline
\end{array}
$$

③ $16\overline{)62.4}$

④ $3.5\overline{)13.3}$

## 6 商を $\frac{1}{10}$ の位まで求めて、あまりもだしましょう。　各2点(4点)

① $9\overline{)5.7}$

② $3.7\overline{)48}$

(切り取り線)

**7** 計算のきまりを使い、くふうして計算しましょう。

各3点(12点)

① 6+3.7+1.3

② 7×2.7+7×2.3

③ 2.5×15.4×4

④ 4×3.1−2×3.1

**8** ☐ にあてはまる数を書きましょう。

各3点(6点)

① 833÷4.9=(833× ☐ )÷49

② 1.05÷1.5= ☐ ÷15

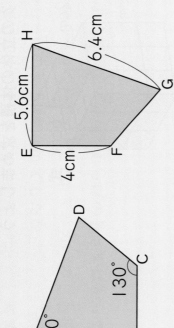

**3** 次の2つの四角形は合同です。

各2点(4点)

① 辺BCの長さは何cmですか。

② 角Gの大きさは何度ですか。

**4** 次の計算のうち、答えが16より大きくなるのはどれですか。

(2点)

① 16×1.1　② 16×0.9　③ 16×1

④ 16÷1.1　⑤ 16÷0.9　⑥ 16÷1

（切り取り線）

↱ うらにも問題があります。

◎用意するもの…ものさし

名前　月　日

知識・技能　／50点

**1** 次の □ にあてはまることばを書きましょう。　各2点(4点)

① 1、3、5、……のように、2でわったとき、わりきれない整数を □ といいます。

② 辺の長さが全て等しく、角の大きさも全て等しい多角形を □ といいます。

**2** 次の分数を、大きい順に書きましょう。　各2点(4点)

① $\left(\dfrac{1}{9}、\dfrac{1}{7}、\dfrac{1}{8}\right)$　　② $\left(\dfrac{2}{7}、\dfrac{3}{7}、\dfrac{5}{7}\right)$

**5** 次の小数は分数で表し、分数は小数で表しましょう。分数が割りきれないときは、四捨五入して $\dfrac{1}{10}$ の位までの小数で表しましょう。　各3点(12点)

① 0.3　　　　② 1.09

③ $\dfrac{1}{4}$　　　　④ $\dfrac{5}{6}$

**6** 次の計算をしましょう。　各3点(18点)

① $\dfrac{3}{7}+\dfrac{3}{4}$

② $1\frac{3}{4} + 2\frac{2}{5}$

③ $\frac{7}{9} - \frac{13}{18}$

④ $1\frac{1}{4} - \frac{1}{2} + \frac{3}{8}$

⑤ $\frac{2}{5} + 0.3$

⑥ $1.2 - \frac{1}{3}$

**3** 12と16の最小公倍数と最大公約数を求めましょう。

各3点(6点)

最小公倍数 （　　　　）

最大公約数 （　　　　）

**4** □にあてはまる数を書きましょう。

各2点(6点)

① 15分は1時間の □ ％です。

② 30Lの120％は □ Lです。

③ 18mは □ mの30％です。

# 春のチャレンジテスト

教科書 218〜258ページ

知識・技能　／58点

**1** 次の □ にあてはまることばを書きましょう。各2点(14点)

① 角柱で、底面の形が三角形、四角形、五角形のものをそれぞれ、□、□、□といいます。

② 立方体は角柱の中の□であるといえます。

③ 円柱の側面のように、曲がった面を□といいます。

④ 平行四辺形の面積＝□×高さ

⑤ 三角形の面積＝□×高さ÷2

**3** 次の速さを求めましょう。

① 3時間で810km走る新幹線の時速

式　　　　　　　　　　　　　答え

② 5分で6km走る馬の分速

式　　　　　　　　　　　　　答え

③ 15秒で270m飛ぶカラスの秒速

式　　　　　　　　　　　　　答え

④ 10分で3km走る自転車の時速

式

**4** 次の図形の面積を求めましょう。　式・答え 各2点(8点)

① 台形

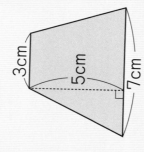

3cm
5cm
7cm

式

答え

② ひし形

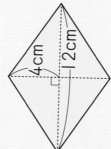

4cm
12cm

式

答え

**2** 次の図は、ある立体の見取図です。　各2点(10点)

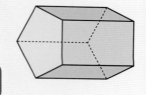

① この立体の名前を書きましょう。

② 底面はどんな形ですか。

③ 面、辺、頂点の数は、それぞれいくつありますか。

面

辺

頂点

# 5年 学力診断テスト

算数のまとめ

名前

月　日

時間 40分

合格80点

/100

答え48ページ

## 1 次の数を書きましょう。

各2点(4点)

① 0.68 を 100 倍した数

（　　　　）

② 6.34 を $\frac{1}{10}$ にした数

（　　　　）

## 2 次の計算をしましょう。④はわり切れるまで計算しましょう。

各2点(12点)

①
```
  0.2 3
× 1.9
```

②
```
   3.4
× 6.0 5
```

③
```
0.4 ) 6 2.4
```

④
```
4.8 ) 1 5.6
```

## 6 えん筆が24本、消しゴムが18個あります。えん筆も消しゴムもあまりが出ないように、できるだけ多くの人に同じ数ずつ分けます。

各3点(9点)

① 何人に分けることができますか。

（　　　　）

② ①のとき、1人分のえん筆は何本で、消しゴムは何個になりますか。

えん筆（　　　　）消しゴム（　　　　）

## 7 右のような台形ABCDがあります。

各3点(6点)

① 三角形ACDの面積は12cm²です。
台形ABCDの高さは何cmですか。

（　　　　）

② この台形の面積を求めましょう。

（　　　　）

A　4cm　D

8cm

B

C

⑤ $\dfrac{2}{3} + \dfrac{8}{15}$　　⑥ $\dfrac{7}{15} - \dfrac{3}{10}$

**3** 次の数を、大きい順に書きましょう。　（全部できて3点）

$\dfrac{5}{2}$、$\dfrac{3}{4}$、0.5、2、$1\dfrac{1}{3}$

（　　　）

**4** 次のあ〜うの速さを、速い順に記号で答えましょう。
　　　　　　　　　　　　　　　　（全部できて3点）

あ 秒速15m　　い 分速750m　　う 時速60km

（　　　→　　　→　　　）

**5** 次の問題に答えましょう。　　　各3点(6点)

① 9、12のどちらでわってもわり切れる数のうち、いちばん小さい整数を答えましょう。

（　　　）

② 5年2組は、5年1組より1人多いそうです。5年2組の人数が偶数のとき、5年1組の人数は偶数ですか、奇数ですか。

（　　　）

---

**8** 右のような立体の体積を求めましょう。　　　（3点）

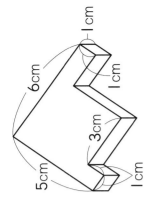

（　　　）

**9** 右のてん開図について答えましょう。　　　各3点(9点)

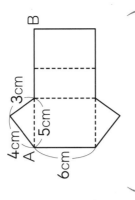

① 何という立体のてん開図ですか。

（　　　）

② この立体の高さは何cmですか。

（　　　）

③ ABの長さは何cmですか。

（　　　）

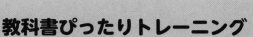

# 教科書ぴったりトレーニング
# 答えとてびき
## 大日本図書版　算数5年

**問題がとけたら…**
①まずは答え合わせをしましょう。
②次にてびきを読んでかくにんしましょう。

**🏠 おうちのかたへ** では、次のようなものを示しています。
・学習のねらいやポイント
・他の学年や他の単元の学習内容とのつながり
・まちがいやすいことやつまずきやすいところ
お子様への説明や、学習内容の把握などにご活用ください。

**⏰ しあげの5分レッスン** では、
学習の最後に取り組む内容を示しています。
学習をふりかえることで学力の定着を図ります。

. . . . . . . . . . . . . . . . . . . . . . . . . . . . . . . . . . . . . . . . . . . . . . . . . . . . . . . . . . . . . . . . . . . . . . . . . . . . . . . . . . . . . . . . . . . .

**答え合わせの時間短縮に** 丸つけラクラク解答 **デジタルもご活用ください!**

右のQRコードをスマートフォンなどで読み取ると、
赤字解答の入った本文紙面を見ながら簡単に答え合わせができます。

丸つけラクラク解答デジタルは以下のURLからも確認できます。
https://www.shinko-keirinwebshop.com/shinko/2024pt/rakurakudegi/MDN5da/index.html

※丸つけラクラク解答デジタルは無料でご利用いただけますが、通信料金はお客様のご負担となります。
※QRコードは株式会社デンソーウェーブの登録商標です。

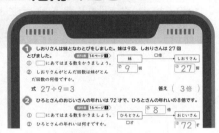

# 1　整数と小数

## ぴったり1　準備　2ページ

**1** ①52.4　②524
**2** ①3.52　②0.352
**3** (1)0.001　(2)0.726

## ぴったり2　練習　3ページ

**1** ①61.8、618、6180
　　②28.5、2.85、0.285

**2** ①34.8　②54　③0.415　④0.207
　　⑤830　⑥0.526　⑦2630　⑧0.1293

**3** ①1.234　②4.321

### てびき

**1** ①10倍、100倍、1000倍すると、小数点がそれぞれ右に1けた、2けた、3けた移ります。

②$\frac{1}{10}$、$\frac{1}{100}$、$\frac{1}{1000}$にすると、小数点がそれぞれ左に1けた、2けた、3けた移ります。

**2** 小数点は、10倍すると右に1けた、100倍すると右に2けた、1000倍すると右に3けた移り、$\frac{1}{10}$にすると左に1けた、$\frac{1}{100}$にすると左に2けた、$\frac{1}{1000}$にすると左に3けた移ります。
10でわるのは$\frac{1}{10}$に、100でわるのは$\frac{1}{100}$にすることと同じです。

**3** ①小数点の位置はきまっています。左から、小さい順に数をならべます。
②左から、大きい順に数をならべます。

④ ①4、3、6、2　②6、1、0、5

**⏱しあげの5分レッスン** 小数点より右の数が1つなら小数第一位、2つなら小数第二位、3つなら小数第三位だね。

---

**ぴったり3　確かめのテスト　4〜5ページ**　　**てびき**

❶ ①右に1けた移る。　②左に2けた移る。

❷ ①48.2、482、4820
　②57.2、5.72、0.572

**🏠おうちのかたへ** 何倍だと小数点は右に移り、何分の一だと小数点は左に移るということを教えてあげてください。

❸ ①10倍　②1000倍

❹ ①$\frac{1}{10}$　②$\frac{1}{1000}$

❺ ①38.2　②74　③27100　④8.3

❻ ①0.713　②0.0203　③0.1567　④0.501

❼ ①7、3、6、1　②30.58

❽ ①98.76　②10.23　③50.12

**⏱しあげの5分レッスン** 何分の一にしたとき、小数点より左に数字がない場合は、0をつけるんだね。

---

④ 整数のしくみと同じように、$\frac{1}{10}$ の位は0.1がいくつ分、$\frac{1}{100}$ の位は0.01がいくつ分で表せます。

❶ $\frac{1}{10}$ にすると、小数点は左に1けた移ります。

❷ ①10倍すると小数点は右に1けた移るので、48.2となります。100倍すると右に2けた移るので、482となります。1000倍すると右に3けた移り、4820となります。

　②$\frac{1}{10}$ にすると小数点は左に1けた移るので、57.2となります。$\frac{1}{100}$ にすると左に2けた移るので、5.72となります。$\frac{1}{1000}$ にすると左に3けた移るので、0.572となります。

❸ ①23.5は2.35の小数点を右に1けた移した数だから、2.35を10倍した数です。
　②2350は2.35の小数点を右に3けた移した数だから、2.35を1000倍した数です。

❹ ①6.03は60.3の小数点を左に1けた移した数だから、60.3の $\frac{1}{10}$ の数です。
　②0.0603は60.3の小数点を左に3けた移した数だから、60.3の $\frac{1}{1000}$ の数です。

❺ ③1000倍すると小数点は右に3けた移るので、27100となります。

❻ ①$\frac{1}{10}$ にすると小数点は左に1けた移るので、0.713となります。
　③$\frac{1}{1000}$ にすると小数点は左に3けた移るので、0.1567となります。

❼ ①数のしくみを式に表すと、百の位は7、十の位は3、一の位は6、$\frac{1}{10}$ の位は1となります。

❽ ア イ . ウ エ とします。
　①ア から エ まで、大きい順に数をならべると、一番大きい小数になります。
　②ア から エ まで、小さい順に数をならべますが、ア に0はあてはめられないので、ア は1、イ は0となります。
　③49.87と50.12で、どちらのほうが50に近いか比べると、50−49.87＝0.13、50.12−50＝0.12となり、50.12のほうが50に近いことがわかります。

# 2 図形の角の大きさ

1 ①180 ②180 ③45 ④45
2 ①360 ②360 ③90 ④135 ⑤135
3 ①3 ②3 ③540

てびき

1 ①180°−(70°+30°)=80° 　　答え　80°
　②180°−(90°+25°)=65° 　　答え　65°
　③(180°−50°)÷2=65° 　　答え　65°
　④(180°−110°)÷2=35° 　　答え　35°
　⑤180°−(55°+80°)=45°
　　180°−45°=135° 　　　　答え　135°
　⑥(180°−80°)÷2=50°
　　180°−50°=130° 　　　　答え　130°

2 ①360°−(55°+130°+40°)=135°
　　　　　　　　　　　　　　答え　135°
　②360°−(130°+90°+70°)=70°
　　　　　　　　　　　　　　答え　70°
　③360°−(120°+85°+55°)=100°
　　180°−100°=80° 　　　　答え　80°
　④180°−70°=110°、180°−95°=85°
　　360°−(110°+85°+60°)=105°
　　　　　　　　　　　　　　答え　105°

3 ①　　　　　　　　　②4つ ③720°

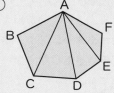

---

1 三角形の3つの角の大きさの和は180°です。
　③二等辺三角形では2つの角の大
　　きさが等しいことを使って求め
　　ます。
　　180°−50°=130°
　　130°は⑰の角の大きさの2倍
　　だから、130°÷2=65°

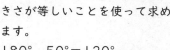

　⑤まず、右の図の⑱の角の大きさ
　　を求めると、
　　180°−(55°+80°)=45°
　　⑲と⑱の角の大きさの和が
　　180°だから、⑲の角の大きさ
　　は、180°−45°=135°

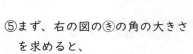

2 四角形の4つの角の大きさの和は360°です。

3 ③六角形の1つの頂点から対角線をひくと、三角形
　　が4つできるので、
　　180°×4=720° となります。

💡しあげの5分レッスン 三角形の角の大きさの和を
使えば、いろいろな多角形の角の大きさがわかるよ。

てびき

1 ①180
　②1、2、360
2 ①式 180°−(50°+45°)=85° 　答え　85°
　②式 (180°−30°)÷2=75° 　答え　75°
　③式 180°−105°=75°
　　　 180°−(75°+65°)=40° 　答え　40°
　④式 360°−(135°+75°+65°)=85°
　　　　　　　　　　　　　　答え　85°
　⑤式 180°−65°=115°
　　　 180°−105°=75°
　　　 360°−(115°+75°+125°)=45°
　　　　　　　　　　　　　　答え　45°
3 式 (180°−130°)÷2=25° 　答え　25°
4 ①八角形 ②5本 ③6つ ④1080°

💡しあげの5分レッスン 多角形の角の大きさの和は、
三角形や四角形に分ければ求められるよ。

---

1 ②四角形の1つの頂点から対角線が1本ひけて、2
　　つの三角形ができるので、
　　180°×2=360° となります。

2 四角形の4つの角の大きさの和は360°です。

3 三角形の2つの辺は、円の半径6cmだから、二等
　辺三角形になり、2つの角が等しくなっています。

4 ①頂点が8つあります。
　②右の図のように5本の対角
　　線がひけます。
　③三角形は6つつくれます。
　④180°が6つ分になるから、
　　角の大きさの和は、
　　180°×6=1080°

🏠おうちのかたへ どんな三角形でも3つの角の大き
さの和は180°になります。まず、何角形かを考えさ
せましょう。

**1** ①⑦2 ⑦3 ⑦180°×3 ⓔ4 ⓕ180°×4
②2つ ③2 ④1260°

**1** ①多角形の角の大きさの和は、1つの頂点から対角線をひいて、いくつかの三角形に分けて、三角形の角の和が180°であることから考えます。

　　四角形　　　五角形　　　　六角形

②三角形の数は、辺（頂点）の数より2つ少なくなります。

③四角形は、180°×（4－2）＝360°
　五角形は、180°×（5－2）＝540°
　六角形は、180°×（6－2）＝720°

④180°×（○－2）の式の○に9をあてはめて計算します。180°×（9－2）＝180°×7＝1260°

# ③ 2つの量の変わり方

## ぴったり1 準備　　10 ページ

**1** (1)①9　②いません
　 (2)①3　②います

**2** (1)4
　 (2)①8　②32　③32

## ぴったり2 練習　　11 ページ　　てびき

**1** ①⑦、ⓔ　②ⓔ

**1** ②⑦は、下の表からもわかるように、○が増えると、それにともなって△も増えますが、○が2倍、3倍になったとき、△は2倍、3倍にならないので、比例しているとはいえません。

| 1辺の長さ○（cm） | 1 | 2 | 3 | 4 |
|---|---|---|---|---|
| 面積△（cm²） | 1 | 4 | 9 | 16 |

**2** ①比例している。
　②8×○＝△
　③56 km
　④8 L

**2** ①ガソリンの量が2倍、3倍、……になると、進んだ道のりも2倍、3倍、……になるので、△は○に比例しています。

③○が1のときの△は8になります。これをもとにして考えます。ガソリンの量が7倍になれば、進んだ道のりも7倍になります。
　8×7＝56（km）

④進んだ道のりが、64÷8＝8（倍）になればガソリンの量も8倍になります。
　1×8＝8（L）

**3** ①60円
　②360円

**3** ①1mの5倍の5mが300円なので、1mのねだんは、300÷5＝60（円）です。
②60×6＝360（円）

**しあげの5分レッスン** ○、△を使った式を作ったら、○や△に数を入れて成り立つかを確にんしよう。

**1** ①⑦10 ⑦15 ⑦20
②比例

**2** ⑦○ ⑦× ⑦○ ⑤○

**3** ①比例している。
②4400円
③35 L

> 🏠 **おうちのかたへ** 比例の関係は、表を使って、2つの量の変わり方を考えさせましょう。表を広げていろいろな数で確認させてもよいです。

**4** ①⑦16 ⑦20 ⑦24
②比例している。
③4×○=△
④36 L
⑤12分

**5** ①⑦6 ⑦9 ⑦12 ⑤15 ⑦18
②比例している。
③3×○=△
④90 cm
⑤8 cm

> ⏱ **しあげの5分レッスン** 比例の関係をもう一度確にんしよう。2つの量がどちらも2倍、3倍、……になるね。

**1** ①⑦長さ2mは1mの2倍だから、重さも5gの2倍になります。

**2** ⑦個数○個が2倍、3倍、……になると、代金△円も2倍、3倍、……になります。
⑦お父さんの年れいとお母さんの年れいの間には関係がありません。
⑦日数○日が2倍、3倍、……になると、読んだページ数△ページも2倍、3倍、……になります。
⑤横の長さ○cmが2倍、3倍、……になると、面積△cm²も2倍、3倍、……になります。

**3** ①ガソリンの量が2倍、3倍、……になると、代金も2倍、3倍、……になるので、ガソリンの代金は量に比例しています。
②ガソリンの量が8倍になるので、代金も8倍になります。
550×8=4400(円)
③3850円は、ガソリン5Lの代金550円の7倍だから、ガソリンの量も5Lの7倍になります。

**4** ①時間が2倍、3倍、……になると、水の量も2倍、3倍、……になり、○が1のときの△は4なので、これをもとに考えます。
④時間が9倍になるので、水の量も9倍になります。
4×9=36(L)
⑤48Lは、1分間でたまる水の量4Lの12倍だから、1×12=12(分)

**5** ①1辺の長さが2倍、3倍、……になると、まわりの長さも2倍、3倍、……になり、○が1のときの△は3なので、これをもとに考えます。
④3×30=90(cm)
⑤24÷3=8(倍)
1×8=8(cm)

# 4 小数のかけ算

**1** ①2.8 ②10 ③168
**2** (1)40.8 (2)23.8 (3)20.8 (4)27.0

**1** ①30×4.3 ②1290 g ③129 g

**1** ②30×43=1290(g)
③はり金43mの重さは、②より1290gで、これは、はり金4.3mの重さの10倍になっています。
だから、4.3mの重さは、
1290÷10=129(g)となります。

② 104 円

③ 78.4 kg

④ ①93.6　②322.5　③7.8　④50.4
　⑤8.4　⑥34.2　⑦38

🕐しあげの5分レッスン まちがえた計算の確かめを
してみよう。

② 130×0.8＝130×8÷10
　　　　　　＝104（円）

③ 14×5.6＝14×（5.6×10）÷10
　　　　　＝14×56÷10
　　　　　＝784÷10
　　　　　＝78.4（kg）

④ 小数点がないものとして計算して、最後に積の小数
点をうちます。

```
①    18        ③    39        ⑤     7
    ×5.2          ×0.2          ×1.2
     36           7.8            14
    90                           7
    93.6                        8.4
```

---

**ぴったり1 準備　16ページ**

1 ①10　②100　③8.84　④10　⑤100　⑥8.84
2 (1)17.784　(2)2.2990̸

---

**ぴったり2 練習　17ページ**　　てびき

1 ①10、10、100、4.35
　②100、10、1000、3.976

1 ①かけられる数とかける数のそれぞれに10をかけ
　て整数にすると、積は100倍になってしまうの
　で、最後に100でわります。
　②かけられる数に100をかけ、かける数に10を
　かけて整数にすると、積は1000倍になってし
　まうので、最後に1000でわります。

2 ①18.17　②63.7　③0.9　④8.192
　⑤7.8966　⑥3.78　⑦0.72　⑧0.027

🏠 おうちのかたへ 答えの小数点を打ったとき、小
数点の左に数がないときは、小数点の左に1つ0をつけ
ることを教えてあげてください。

2 積の小数点は、かけられる数とかける数の小数点の
　右にあるけた数の和だけ、右から数えてうちます。

```
⑤    3.21      ⑦   0.8      ⑧      0.06
    ×2.46          ×0.9            ×0.45
    1926          0.72             30
    1284                           24
    642                           0.0270̸
    7.8966
```

3 90.3 km

3 （1Lで走る道のり(km)）×（ガソリンの量(L)）にあ
　てはめて求めます。
　8.6×10.5＝90.3(km)

🕐しあげの5分レッスン 積の小数点の位置はまちが
えていないかな。もう一度確にんしよう。

---

**ぴったり1 準備　18ページ**

1 (1)①大きい　②大きい　(2)①小さい　②小さい
2 ①3.2　②15.36　③15.36
3 (1)①4　②6　(2)①5.3　②10

---

**ぴったり2 練習　19ページ**　　てびき

1 あ、う

1 かける数が1より小さいとき、積はかけられる数よ
　り小さくなります。

2 ①＜　②＞　③＞　④＜

2 かける数が1より大きいとき、積はかけられる数よ
　り大きくなります。かける数が1より小さいとき、
　積はかけられる数より小さくなります。

❸ ①3.24 m² ②1.84 m²

❹ ①⑦1 ⑦5 ⑦29
　②⑦0.1 ⑦0.1 ⑦14 ㊤0.28 ㋖13.72

❺ ①83 ②134 ③9.8 ④42

┌─────────────────────────────┐
│ ⏰しあげの5分レッスン　かける数が1より小さいと │
│ きは、積がかけられる数より小さくなることを覚えてお │
│ こう。 │
└─────────────────────────────┘

❸ ①(正方形の面積)＝(1辺)×(1辺)にあてはめて求
　めます。1.8×1.8＝3.24(m²)
　②80cm＝0.8mとして、(長方形の面積)＝(たて)
　×(横)にあてはめて求めます。
　0.8×2.3＝1.84(m²)

❹ 計算のきまりを使います。
　①(○＋△)×□＝○×□＋△×□
　②(○−△)×□＝○×□−△×□

❺ ②6.7×8×2.5＝6.7×(8×2.5)
　　＝6.7×20＝134
　③0.7×9.8＋0.3×9.8
　　＝(0.7＋0.3)×9.8＝1×9.8＝9.8
　④8.4×7.6−8.4×2.6
　　＝8.4×(7.6−2.6)
　　＝8.4×5＝42

---

ぴったり3　確かめのテスト　**20〜21ページ**　　てびき

❶ ①10 ②100

❷ ①28.42 ②1.015

❸ ①88.2 ②56 ③1.44
　④39.9 ⑤25.95 ⑥0.1

❹ ①＞ ②＞

❺ ①72 ②24.3

❻ 式　3.6×6.5＝23.4　　　　　答え　23.4 m²
❼ 式　2.3×5.7＝13.11　　　　答え　13.11 kg
❽ 式　3.6×8.75＝31.5　　　　答え　31.5 L

❶ ①かける数を10倍したため、積も10倍になって
　しまうので、最後に10でわります。
　②かけられる数とかける数をそれぞれ10倍してい
　るので、積は100倍になっています。

❷ 積の小数点の位置がまちがっています。積の小数点
　は、かけられる数とかける数の小数点の右にあるけ
　た数の和だけ、右から数えてうちます。
　①右から2けために小数点をうちます。
　②右から3けために小数点をうちます。

❸ 
```
②   16        ④    9.5
　 ×3.5          ×4.2
　 ────          ────
　  80           190
　 48            380
　 ────         ─────
　 56.0         39.90

⑤  34.6        ⑥    0.8
　×0.75          ×0.125
　─────         ──────
　 1730           40
　 2422           16
　─────            8
　25.950        ──────
                0.1000
```

❹ かける数が1より大きいとき、積はかけられる数よ
　り大きくなります。かける数が1より小さいとき、
　積はかけられる数より小さくなります。

❺ ①7.2×2.5×4＝7.2×(2.5×4)
　　　　　　＝7.2×10＝72
　②6.5×8.1−3.5×8.1
　　＝(6.5−3.5)×8.1＝3×8.1＝24.3

┌─────────────────────────────┐
│ 🏠おうちのかたへ　小数のかけ算にとまどっている │
│ ときは、小数点を取って整数にして筆算のやり方を教え │
│ てあげてください。計算したら、小数点を打ってもう一 │
│ 度計算させましょう。 │
└─────────────────────────────┘

**⑨ 式** 230×2.5−160×2.5=175

　　　　　　　　　　　**答え** 175円

⏱ **しあげの5分レッスン** まちがえた問題をもう1回 やってみよう。

⑨ ひかるさんの買うリボンのほうが1mのねだんが 高いので、はらう代金が多くなります。

230×2.5−160×2.5=(230−160)×2.5

　　　　　　　　　　　=70×2.5=175

# ⑤ 体 積

**ぴったり① 準備** 　22ページ

**1** ①4　②8　③8　④24　⑤24

**2** (1)①7　②6　③210　④210　(2)①6　②6　③6　④216　⑤216

**3** ①4　②40　③3　④45　⑤40　⑥45　⑦85　⑧85

**ぴったり② 練習** 　23ページ　　　　　　　　　　　　　　**てびき**

**1** 8cm³

**2** ①300cm³　②195cm³　③512cm³

**3** 612cm³

**4** 192cm³

⏱ **しあげの5分レッスン** 体積の単位は cm³ だね。 面積の単位 cm² とまちがえないように気をつけよう。

**1** 1辺が1cmの立方体の体積は、1cm³です。この 立方体が全部で8個あるので、体積は8cm³です。

**2** ①12×5×5=300

　②3×5×13=195

　③8×8×8=512

**3** 右の図のように、上の直方体 の体積(9×7×5)cm³と下の 直方体の体積(9×11×3)cm³ を合わせて求めると、

9×7×5+9×11×3=612

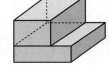

別解 右の図のように、点線部分 をふくめて、大きな体積(9× 11×8)cm³から点線部分の 体積(9×4×5)cm³をひくと、

9×11×8−9×4×5=612

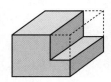

**4** 右の図のようにあの体積 (6×8×3)cm³とⒾの体積 (4×4×3)cm³を合わせて 求めると、

6×8×3+4×4×3=192

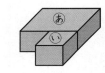

別解 右の図のように、点線部 分をふくめて、大きな体積 (10×8×3)cm³から、点線 部分の体積(4×4×3)cm³を ひくと、

10×8×3−4×4×3=192

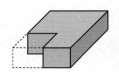

**ぴったり① 準備** 　24ページ

**1** (1)①24　②36　③48　④60　(2)比例　(3)12

**2** ①3　②36　③300　④300　⑤36000000

**3** ①60　②30　③144000　④144

**1** 4 cm

**2** ①6×4×6=144　　　　　　　　答え　144 m³
　　②5×5×5=125　　　　　　　　答え　125 m³
　　③4×8×3=96　　　　　　　　答え　96 m³

**3** ①6000000　②5

**4** ①1.8 m³（1800000 cm³ でもよい）
　　②0.432 m³（432000 cm³ でもよい）

**5** 25 m³、25000 L

**🕐しあげの5分レッスン**　1 m³ は 1 辺 が 100 cm の
立方体の体積と同じだから、1000000 cm³ になるん
だよ。

**1** たて 5 cm、横 7 cm、高さ 1 cm の直方体の体積は、
5×7×1=35（cm³）です。
140÷35=4（cm）となります。

**2** 1辺の長さが m などの大きな単位でも、公式にあ
てはめて体積を求めます。

**3** 1辺が 1 m の立方体の体積は、
100×100×100=1000000（cm³）だから、
1 m³=1000000 cm³ となります。

**4** ①単位を m にそろえて考えると、60 cm=0.6 m
　　だから、体積は、0.6×2×1.5=1.8（m³）
　　単位を cm にそろえて考えると、2 m=200 cm、
　　1.5 m=150 cm だから、体積は、
　　60×200×150=1800000（cm³）
　　②単位を m にそろえて考えると、60 cm=0.6 m
　　だから、体積は、0.6×0.6×1.2=0.432（m³）
　　単位を cm にそろえて考えると、0.6 m=60 cm、
　　1.2 m=120 cm だから、体積は、
　　60×60×120=432000（cm³）

**5** 2×5×2.5=25（m³）
　　1 m³=1000 L だから、25 m³=25000 L

---

**1** 28 cm³

**2** ①7000000　②9

**3** ①式　6×8×4=192　　　　　　答え　192 m³
　　②式　1.2×1.2×1.2=1.728
　　　　　　　　　　　　　　　　答え　1.728 m³
　　③式　8×5×6.5=260　　　　　答え　260 cm³
　　④式　15×50×8=6000　　　　答え　6000 cm³

**4** 式　25×16×10=4000　　　　　答え　4000 cm³

**5** 式　4×6×1=24（cm³）
　　　　120÷24=5（cm）　　　　　答え　5 cm

**6** 式　8×5×2+8×11×4=432
　　　　　　　　　　　　　　　　答え　432 cm³

**7** 式　15×30×8=3600
　　　　　　　　　　答え　3600 cm³　3.6 L

**🕐しあげの5分レッスン**　求めた体積の単位を確にん
しよう。辺の長さが cm の立体や m の立体があるよ。

**1** 1 cm³ の立方体が、2×2×3+2×4×2=28（個）
積まれています。

**2** ①1 m³=1000000 cm³
　　②1000000 cm³=1 m³

**3** ④0.5 m=50 cm だから、
　　15×50×8=6000（cm³）

**4** 展開図を組み立てると、たて 25 cm、横 16 cm、
高さ 10 cm の直方体ができます。

**5** 積み上げる直方体の体積を求めて、その何個分が
120 cm³ になるかを考えます。

**6** たて 8 cm、横 5 cm、高さ 2 cm の直方体と、たて
8 cm、横 11 cm、高さ 4 cm の直方体に分けて、
体積を求めます。

**7** 1 L=1000 cm³ です。

**🏠おうちのかたへ**　長方形の面積を求める公式は
「たて×横」、体積はその公式に「×高さ」を加えたもの
です。体積の公式を忘れていたら、まず、面積の公式を
思い出させてください。

# ⑥ 小数のわり算

**1** ①1.6　②720　③16　④10　⑤10　⑥720　⑦16　⑧45
**2** (1)5　(2)26　(3)35

てびき

**1** ①81÷1.8　②810円　③45円

**2** ①⑦10　⑦10　⑦390　⑦30
　②⑦10　⑦10　⑦4　⑦130

**3** 式　36÷0.4＝90　　　　　　答え　90 g

┈┈┈┈┈┈┈┈┈┈┈┈┈┈┈┈┈┈┈┈┈┈┈┈┈┈┈┈
**しあげの5分レッスン** 文章題に小数が出ても、式
のつくり方は整数のときと同じだよ。
┈┈┈┈┈┈┈┈┈┈┈┈┈┈┈┈┈┈┈┈┈┈┈┈┈┈┈┈

**4** ①5　②18　③15　④60　⑤25　⑥140

**1** ②18 m の代金は、1.8 m の代金の 10 倍だから、
　　81×10＝810（円）
　　③810÷18＝45（円）

**2** わる数の小数を整数にするために、わられる数とわ
　る数をそれぞれ 10 倍します。

**3** 36÷0.4＝360÷4＝90
　4 m の重さは、36×10＝360（g）だから、
　1 m の重さは、360÷4＝90（g）
　36÷0.4＝90 となって、商はわられる数より大き
　くなっています。

**4** わる数を 10 倍して整数になおし、わられる数も
　10 倍して計算します。

```
①        5        ②       18        ⑥       140
  4,6)23.0        3,5)63.0            0,7)98.0
      230              35                 7
        0             280                28
                      280                28
                        0                 0
```

**1** ①48　②1.5
**2** (1)3.8　(2)2.6
**3** (1)① 大きい　② 小さく　(2)① 小さい　② 大きく

てびき

**1** ①4　②18　③4.8　④0.6
　⑤50.6　⑥2.3　⑦6　⑧12

**1**
```
①        4          ②         18
  1,8)7.2             2,4)43.2
      72                  24
       0                 192
                         192
                           0

③       4.8         ⑤        50.6
  0,4)1.9.2           0,6)30 3.6
      16                  30
      32                  36
      32                  36
       0                   0

⑥         2.3       ⑧         12
  0,36)0.82.8         0,65)7.80
       72                 65
      108                130
      108                130
        0                  0
```

**②** 式 12.8÷1.6=8 　　　答え　8kg

**③** ⓘ、ⓤ

⏱**しあげの5分レッスン**　1より小さい数でわると、商はわられる数より大きくなるよ。解いた答えを確にんしよう。

**②** (パイプの重さ)÷(パイプの長さ)＝(1mの重さ)にあてはめて求めます。12.8÷1.6=8(kg)

**③** 「わる数<1のときは、商>わられる数」にあてはまるものを考えます。
ⓐ7.6÷1.9=4
ⓘ0.36÷0.9=0.4
ⓤ5.4÷0.6=9
ⓔ0.84÷1.4=0.6

---

**ぴったり1 準備**　**32ページ**

**1** (1)3.5　(2)0.75

**2** 0.04

**3** ① $\frac{1}{100}$　②2.1

---

**ぴったり2 練習**　**33ページ**　　　　　　　　　　　　**てびき**

**1** ①2.5　②0.75　③0.75

**1** ②、③は、わられる数がわる数より小さいので、商の一の位は0になります。

```
①      2.5          ②        0.75
3.2)8.0              6.8)5.1.0
    64                   476
   160                   340
   160                   340
     0                     0

③       0.75
0.6)0.4.5
    42
    30
    30
     0
```

**2** ①1.7 あまり 0.26　②5.6 あまり 0.028

**2** あまりの小数点は、わられる数のもとの小数点にそろえてうちます。

```
①      1.7          ②        5.6
6.2)10.8             0.62)3.50
    62                   310
   460                   400
   434                   372
   0.26                 0.028
```

⏱**しあげの5分レッスン**　あまりの小数点をわすれていないかな。確かめの計算をしてみよう。

**3** ①2.5　②5.9

**3** 商を $\frac{1}{100}$ の位で四捨五入します。

```
①      2.54          ②        5.85
9.2)23.4             0.14)0.82
    184                   70
    500                  120
    460                  112
    400                   80
    368                   70
     32                   10
```

**4** 式 28.8÷6.4=4.5　　　答え　4.5m

**4** 長方形の面積＝たて×横　から、
たて＝長方形の面積÷横　となります。
これにあてはめて求めます。

**5** 式 23.6÷1.8=13 あまり 0.2
　　　答え　13本できて、0.2Lあまる。

**5** びんの数は整数だから、商を一の位まで求めて、あまりをだします。

**ぴったり1 準備　34 ページ**

**1** (1)①0.4　②3.2　③0.125　(2)①3.2　②0.4　③8
**2** ①4.5　②1.8　③1.8
**3** ①7.7　②7.7

**ぴったり2 練習　35 ページ　てびき**

**1** ①式　27.2÷3.4=8　　　　　　答え　8 km
　　②式　3.4÷27.2=0.125　　　答え　0.125 L
**2** ①式　2.4÷1.5=1.6　　　　　答え　1.6 倍
　　②式　0.6÷1.5=0.4　　　　　答え　0.4 倍
**3** ①式　1.4×2.5=3.5　　　　　答え　3.5 m
　　②式　1.4×3.5=4.9　　　　　答え　4.9 m²
**4** 式　3.5×0.8=2.8　　　　　　答え　2.8 m

┌─────────────────────────────┐
│ ⏱️しあげの5分レッスン　小数倍にあたる大きさを求 │
│ めるときはかけ算、何倍にあたるかやもとにする量を求 │
│ めるときはわり算だよ。覚えておこう。 │
└─────────────────────────────┘

**1** ガソリン5L で 50 km 走るなど、かんたんな数の場合で、どんな式になるか考えましょう。
**2** もとにする量は①、②ともにやかんに入る水の量です。
**3** 倍を表す数が小数でも、整数と同じように計算します。

┌─────────────────────────────┐
│ 🏠おうちのかたへ　まず、簡単な数の場合に置きか │
│ えて考えさせてみてください。そのあと、同じ設定のま │
│ ま小数の場合にすると考えやすくなります。 │
└─────────────────────────────┘

**ぴったり1 準備　36 ページ**

**1** ①3.6　②2.4　③2.4
**2** ①7.2　②6　③1.2　④6　⑤4.8　⑥1.25　⑦い

**ぴったり2 練習　37 ページ　てびき**

**1** 式　2.4÷3.2=0.75　　　　　答え　0.75 m

**2** 式　36.3÷1.5=24.2　　　　答え　24.2 kg

**3** 式　1.8÷0.4=4.5　　　　　答え　4.5 L

**4** 式　まなみ…45÷36=1.25(倍)
　　　　弟…34÷25=1.36(倍)
　　　　　　　　　　　　　　　答え　弟

**1** 妹の使ったリボンの長さを□ m とすると、
　　□×3.2=2.4だから、
　　□=2.4÷3.2=0.75
**2** 弟の体重を□ kgとすると、
　　□×1.5=36.3だから、
　　□=36.3÷1.5=24.2
**3** 水そうに入る水の量を□ L とすると、
　　□×0.4=1.8だから、
　　□=1.8÷0.4=4.5
**4** まなみさんの体重で、36 kgを1とみたとき、
　　45 kgは 1.25 にあたります。

**ぴったり3 確かめのテスト　38〜39 ページ　てびき**

**1** ①170　②17

**1** わる数に目をつけて考えます。
　　①4.8 を整数にするには 10 倍すればよいから、
　　　816÷4.8=8160÷48
　　　8160 は 816 の 10 倍だから、商は 17 の 10
　　　倍になります。
　　　8160÷48=170
　　②4.8 を整数にするには 10 倍すればよいから、
　　　81.6÷4.8=816÷48
　　　商は 17 となります。

**②** ①45 ②1.3 ③0.25
④16.25 ⑤2.5 ⑥0.8

🏠 **おうちのかたへ** 商の小数点は、わられる数で移した小数点にそろえます。積とのちがいを確認してあげてください。

**③** ①2.6 あまり 0.18 ②0.2 あまり 0.11

**④** ①> ②<

**⑤** ①6.3 ②7.3

**⑥** 式　2.7÷0.2=13 あまり 0.1
　　　　　答え　13個できて、0.1 L 残る。

**⑦** 式　2.8÷2.4=1.16…　　答え　約1.2 kg

**⑧** 式　11.4÷1.2=9.5　　　答え　9.5 kg

💛 **しあげの5分レッスン** まちがえた問題をもう1回やってみよう。

---

**②** わる数の小数点を右に移して整数になおし、わられる数の小数点も同じ数だけ右に移します。①と⑤は、わられる数が整数なので、右に0を書きます。

①
```
        4 5
1.2)5 4.0
    4 8
      6 0
      6 0
        0
```

③
```
          0.2 5
0.8 2)0.2 0.5
        1 6 4
          4 1 0
          4 1 0
              0
```

④
```
        1 6.2 5
0.4)6.5
    4
    2 5
    2 4
      1 0
        8
        2 0
        2 0
          0
```

⑤
```
          2.5
4.8)1 2.0
      9 6
      2 4 0
      2 4 0
          0
```

**③**
①
```
        2.6
3.2)8.5
    6 4
    2 1 0
    1 9 2
      0.1 8
```

②
```
        0.2
4.3)0.9.7
      8 6
      0.1 1
```

**④** わり算では、わる数が1より大きいとき、商はわられる数より小さくなり、わる数が1より小さいとき、商はわられる数より大きくなります。

**⑤** 商を $\frac{1}{100}$ の位で四捨五入します。

①
```
        6.3 3̶
0.9)5.7
    5 4
      3 0
      2 7
      3 0
      2 7
        3
```

②
```
        7.2 9̶³
5.1)3 7.2
    3 5 7
      1 5 0
      1 0 2
        4 8 0
        4 5 9
          2 1
```

**⑥** コップの数は整数だから、商を一の位まで求めて、あまりをだします。

**⑦**
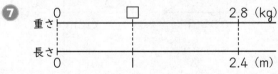

（全体の重さ）÷（長さ）＝（1mの重さ）にあてはめて求めます。

**⑧** 去年とれたさつまいもの量を□kgとすると、
□×1.2=11.4　□=11.4÷1.2=9.5

# 7 合同な図形

**1** ⑤、⑥

**2** (1)H (2)F (3)3

**3** (1)ADE、CBE、CDE (2)CBD(CDB)

**てびき**

**1** ⑥と合同なもの…⑥
　　⑥と合同なもの…⑥

**2** ①頂点E ②7cm ③70°

**3** ①頂点G ②辺EF ③6cm ④80°

**4** ①三角形EBC(ECB) ②3つ

> **しあげの5分レッスン** 合同な図形の対応する辺や角は、その長さや大きさが等しいことを覚えておこう。

**1** 方眼の目もりで辺の長さを比べます。うら返して重なるものも合同です。

**2** 合同な図形では、対応する辺の長さが等しく、対応する角の大きさが等しいことから考えます。
まず、等しい角に目をつけて、対応する頂点を見つけます。
①角Bと角Fは等しく50°だから、頂点Bと頂点F、頂点Aと頂点E、頂点Cと頂点Dがそれぞれ対応しています。

**3** ③辺EHは辺CBに対応し、辺CBの長さは6cmだから、辺EHの長さも6cmになります。
④角Hは角Bに対応し、角Bの大きさは80°だから、角Hの大きさも80°になります。

**4** ①辺ADと辺BCが対応しています。
②三角形CDA，三角形BAD、三角形DCBの3つです。

**1** ①角 ②かける ③かけない ④角 ⑤⑥⑦、⑨

**2** ①辺 ②かける ③三角形 ④1つの角 ⑤かける ⑥辺 ⑦かけない ⑧⑨⑦、⑨

**てびき**

**1** ①　　　　　　　②

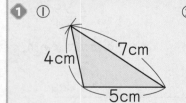
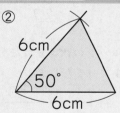

**2** ⑤、⑨

**1** ①まず、5cmの辺をひいて、4cmと7cmの辺を、コンパスを使ってかきます。

**2** 合同な三角形は、次の辺の長さや角の大きさがわかればかけます。
①3つの辺の長さ
②2つの辺の長さとその間の角の大きさ
③1つの辺の長さとその両はしの2つの角の大きさ
⑤は、上の②から、三角形がかけます。
⑥は、3つの角の大きさがわかっていても、辺の長さがわからないのでかけません。
⑨では、三角形の2つの角がわかっているので、もう1つの角は、180°−(70°+50°)=60° とわかります。だから、上の③からかけます。

**③** ①角C　②対角線BD

③ ①3つの辺の長さと、その間の角の大きさがわかればよいので、あと、角Cがわかればよいです。
　②対角線ACの長さがわかっても、三角形ACDが2辺の長さしかわからず、かくことができません。対角線BDの長さがわかれば、三角形ABCと三角形BCDがかけて、その頂点AとDを結んで四角形ABCDができます。

---

⏰ **しあげの5分レッスン** 合同な図形のかき方を使って、図形の辺の長さや角の大きさをはかってかいてみよう。

---

**ぴったり3** **確かめのテスト** **44〜45ページ** 　**てびき**

**1** ①合同　②等しい

**2** 三角形…あ、い、お　四角形…え、か

🏠 **おうちのかたへ** 合同な図形の対応がわかりにくいときは、一方の図形を紙に写して、2つの図形を同じ向きにしてから考えさせるとよいです。

**③** ①　　　　②

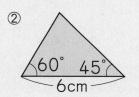

4.5cm　3cm
5cm

60°　45°
6cm

**④** い、う、え

**⑤** ①　　　　②

2.5cm
3.5cm　3cm
2cm
4cm

4cm　4cm
3cm

**⑥** ①60°　②2.5cm　③3cm

**2** まず、同じ形を集め、次に大きさの同じものを見つけます。
三角形では、あとおはまわして、あといはうら返して重ね合わせることができます。
四角形では、えとかはまわして重ね合わせることができます。

**③** ①3つの辺を使ってかきます。
　②1つの辺とその両はしの角を使ってかきます。

**4** 分けられた三角形の辺の長さに目をつけます。対応する辺の長さ、対応する角の大きさの順に調べます。

**5** 合同な四角形は対角線で2つの三角形に分けて、3つの辺の長さをもとにして頂点を決めます。

**6** 頂点Aと頂点F、頂点Bと頂点E、頂点Cと頂点H、頂点Dと頂点Gがそれぞれ対応しています。

⏰ **しあげの5分レッスン** 合同な図形をかいたら、もとの図形と重ねて確にんしよう。

---

# **8** 整数の性質

**ぴったり1** **準備** **46ページ**

**1** ①〜④0、24、100、198　⑤〜⑧1、9、47、65
**2** ①4　②8　③12　④16　⑤4、8、12、16
**3** ①12　②18　③12　④36　⑤12　⑥12　⑦12、24、36　⑧12

**ぴったり2** **練習** **47ページ** 　**てびき**

**1** 偶数…0、146、368、904
　奇数…33、79、501、725

**2** ①6、12、18、24、30
　②11、22、33、44、55

**3** 15、30、45、60、75

**1** 2でわって考えてみましょう。

**2** それぞれの整数に、1から5までの整数をかけます。

**3** 3と5の最小公倍数は15なので、15の倍数を小さいほうから順に5つ書きます。

④ ①36 ②30

⑤ 6、12

**しあげの5分レッスン** 公倍数は、まず大きいほうの数の倍数を見つけ、その中から小さいほうの数の倍数になっているものを見つけよう。

⑥ ①午前9時28分 ②3回

④ （　）の中の2つの数のうち、大きいほうの数の倍数の中から、小さいほうの数の倍数を見つけます。

⑤ 数直線で、それぞれの倍数のところにしるしをつけて考えます。3つの数のうち、一番大きい6の倍数を見つけ、その数が3の倍数、2の倍数になっているかを調べます。
2、3、6の最小公倍数は6なので、2、3、6の3つの数の公倍数は、6の倍数です。

⑥ ②4と7の公倍数を考えます。4と7の公倍数は、28、56、84、112、……です。ここで、
84分＝60分＋24分、
112分＝60分＋52分なので、
答えは、午前9時56分、午前10時24分、午前10時52分の3回です。

---

**ぴったり1 準備** **48**ページ

① ①16　②8　③4　④2　⑤4　⑥8
② ①2　②3　③4　④6　⑤2　⑥3　⑦6　⑧2　⑨3　⑩6　⑪6

---

**ぴったり2 練習** **49**ページ　　　　**てびき**

① ①1、17
　②1、2、3、4、6、8、12、24
② ①公約数…1、2、3、6　最大公約数…6
　②公約数…1、2、3、6　最大公約数…6
③ 公約数…1、2、4　最大公約数…4

**しあげの5分レッスン** 公約数は、まず小さいほうの数の約数を見つけ、その中から大きいほうの数の約数になっているものを見つけよう。公倍数と逆の考え方だね。

④ 12人

① ①17をわりきれる数をさがします。
② 公約数のうち、一番大きい数が最大公約数です。
③ 数直線で、それぞれの約数のところにしるしをつけて考えます。3つの数のうち、一番小さい12の約数を見つけ、その数が16の約数、20の約数になっているかを調べます。

④ 36と24の最大公約数を考えます。
24の約数1、2、3、4、6、8、12、24の中から、36の約数を見つけます。24と36の公約数は1、2、3、4、6、12です。
この公約数の中の一番大きい数の12が最大公約数です。

---

**ぴったり3 確かめのテスト** **50～51**ページ　　　　**てびき**

① 偶数…0、8、112
　奇数…11、29、357
② ①18、36、54
　②24、48、72



③ ①1、2、3、6
　②1、2、5、10

① 0は偶数とします。

② ①6と9の最小公倍数は18だから、18の倍数を小さいほうから順に3つ書きます。
　②3と8の最小公倍数は24だから、24の倍数を小さいほうから順に3つ書きます。

③ ①6は6と18の最大公約数なので、6の約数が6と18の公約数になります。
　②10は10と40の最大公約数なので、10の約数が10と40の公約数になります。

④ ①60 ②48

⑤ ①5 ②8

⑥ ①7個 ②6個 ③5個 ④2個

⑦ 14人

**🏠 おうちのかたへ** 文章題では具体的に考えさせます。例えば⑦では、1人、2人、……と分ける人数を増やして答えを求めて、その数がどんな数なのか考えるとよいです。

⑧ 24m

⑨ ①1、0 ②7、14、21、28 ③木曜日
④土曜日

**⏰ しあげの5分レッスン** 公倍数と公約数のちがいをいえるようになろう。

④ ①20の倍数を小さいほうから順にならべて、12でわりきれる一番小さい数です。
②16の倍数を小さいほうから順にならべて、12でわりきれる一番小さい数です。8は16の約数なので、16の倍数はかならず8でわりきれるため、12でわりきれるかどうかだけを調べます。

⑤ ①15の約数のうち、20をわりきる一番大きい数を見つけます。
②40の約数で、56と64をわりきる一番大きい数を見つけます。

⑥ ①50÷7=7あまり1 だから、7個です。
②50÷8=6あまり2 だから、6個です。
③2と5の最小公倍数は10です。10の倍数が1から50までの整数のうちにいくつあるかを考えます。
50÷10=5 だから、5個です。
④3と8の最小公倍数は24です。
50÷24=2あまり2 だから、2個です。

⑦ 28個と42本をあまりのないように同じ数ずつ分けるので、分ける人数は28と42の公約数になります。できるだけ多くの人に分けるので、最大公約数の14人が答えです。

⑧ 答えは、最小公倍数を使って求めます。4と12の最小公倍数は12です。はじめに赤と白の目じるしをうってあるので、2つ目はコースのはしから12mのところ、3つ目は24mのところです。

⑨ ①②火曜日は7日なので、7でわるとわりきれて、あまりは0になります。あまりが0になるのが火曜日なので、7でわりきれる数の日が火曜日ということです。
③7でわって1あまるときは、火曜日の次の水曜日だから、7でわって2あまるときは、木曜日になります。
④25÷7=3あまり4 より、火曜日から4日進んだ土曜日です。

# ⑨ 分数のたし算とひき算

**ぴったり1 準備** 52ページ

1 ①$\frac{6}{18}$ ②$\frac{1}{3}$

2 ①12 ②8 ③9

3 ①3 ②3 ③3 ④$\frac{4}{5}$

**ぴったり2 練習** 53ページ

**てびき**

1 ①⑦6 ①9 ②⑦12 ①5

1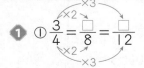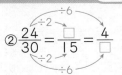

② ①(例) $\frac{6}{8}$、$\frac{9}{12}$、$\frac{12}{16}$  ②(例) $\frac{4}{14}$、$\frac{6}{21}$、$\frac{8}{28}$

③ ①$\left(\frac{4}{12}\quad\frac{3}{12}\right)$ ②$\left(\frac{5}{10}\quad\frac{6}{10}\right)$ ③$\left(\frac{10}{15}\quad\frac{12}{15}\right)$

④$\left(\frac{10}{45}\quad\frac{12}{45}\right)$ ⑤$\left(\frac{12}{8}\quad\frac{5}{8}\right)$ ⑥$\left(1\frac{5}{20}\quad1\frac{8}{20}\right)$

④ ①$\left(\frac{8}{12}\quad\frac{9}{12}\quad\frac{10}{12}\right)$ ②$\left(\frac{24}{40}\quad\frac{25}{40}\quad\frac{28}{40}\right)$

⑤ ①$\frac{2}{5}$ ②$\frac{6}{7}$ ③$\frac{9}{7}$ ④$1\frac{3}{5}$

② 分母と分子に同じ数をかけます。答えでは(例)として、それぞれ2、3、4をかけています。

③ それぞれの分数の分母の最小公倍数を分母として通分します。

④ ①3、4、6の最小公倍数は12です。
②5、8、10の最小公倍数は40です。

⑤ 分母と分子を同じ数でわっていきます。分母と分子の最大公約数でわると、一度で約分できます。
④は12でわると、一度で約分できます。

⎯⎯⎯⎯⎯⎯⎯⎯⎯⎯⎯⎯⎯⎯⎯⎯⎯⎯⎯⎯⎯⎯
🕐しあげの5分レッスン 約分して分母と分子をできるだけ小さい数にするには、分母と分子の最大公約数で分母と分子をわればいいよ。
⎯⎯⎯⎯⎯⎯⎯⎯⎯⎯⎯⎯⎯⎯⎯⎯⎯⎯⎯⎯⎯⎯

ぴったり1 準備 **54** ページ

1 (1)①10 ②2 ③9 ④10 (2)①15 ②5 ③6 ④11 ⑤15
2 (1)①9 ②3 ③4 ④9 (2)①20 ②15 ③4 ④11 ⑤20

ぴったり2 練習 **55** ページ　　　てびき

❶ ①$\frac{17}{18}$ ②$\frac{23}{40}$ ③$\frac{7}{8}$

④$\frac{5}{6}$ ⑤$\frac{13}{18}$ ⑥$\frac{33}{20}\left(1\frac{13}{20}\right)$

❶ ①$\frac{1}{2}+\frac{4}{9}=\frac{9}{18}+\frac{8}{18}=\frac{17}{18}$

②$\frac{1}{5}+\frac{3}{8}=\frac{8}{40}+\frac{15}{40}=\frac{23}{40}$

③$\frac{5}{8}+\frac{1}{4}=\frac{5}{8}+\frac{2}{8}=\frac{7}{8}$

④$\frac{2}{3}+\frac{1}{6}=\frac{4}{6}+\frac{1}{6}=\frac{5}{6}$

⑤$\frac{5}{9}+\frac{1}{6}=\frac{10}{18}+\frac{3}{18}=\frac{13}{18}$

⑥$\frac{3}{4}+\frac{9}{10}=\frac{15}{20}+\frac{18}{20}=\frac{33}{20}\left(1\frac{13}{20}\right)$

❷ ①$\frac{1}{12}$ ②$\frac{7}{30}$ ③$\frac{2}{9}$

④$\frac{1}{8}$ ⑤$\frac{1}{12}$ ⑥$\frac{5}{24}$

⎯⎯⎯⎯⎯⎯⎯⎯⎯⎯⎯⎯⎯⎯⎯⎯⎯⎯⎯⎯⎯⎯
🕐しあげの5分レッスン 分母を通分するとき、分子にも分母と同じ数をかけるのをわすれていないか確にんしよう。
⎯⎯⎯⎯⎯⎯⎯⎯⎯⎯⎯⎯⎯⎯⎯⎯⎯⎯⎯⎯⎯⎯

❷ ①$\frac{3}{4}-\frac{2}{3}=\frac{9}{12}-\frac{8}{12}=\frac{1}{12}$

②$\frac{5}{6}-\frac{3}{5}=\frac{25}{30}-\frac{18}{30}=\frac{7}{30}$

③$\frac{8}{9}-\frac{2}{3}=\frac{8}{9}-\frac{6}{9}=\frac{2}{9}$

④$\frac{1}{2}-\frac{3}{8}=\frac{4}{8}-\frac{3}{8}=\frac{1}{8}$

⑤$\frac{5}{6}-\frac{3}{4}=\frac{10}{12}-\frac{9}{12}=\frac{1}{12}$

⑥$\frac{5}{8}-\frac{5}{12}=\frac{15}{24}-\frac{10}{24}=\frac{5}{24}$

❸ 式 $\frac{3}{4}+\frac{5}{7}=\frac{41}{28}\left(1\frac{13}{28}\right)$

答え $\frac{41}{28}\left(1\frac{13}{28}\right)$㎡

❸ $\frac{3}{4}+\frac{5}{7}=\frac{21}{28}+\frac{20}{28}=\frac{41}{28}\left(1\frac{13}{28}\right)$

❹ 式 $\frac{2}{3}-\frac{4}{7}=\frac{2}{21}$

答え ペットボトルの水のほうが、$\frac{2}{21}$L 多い。

❹ $\frac{2}{3}-\frac{4}{7}=\frac{14}{21}-\frac{12}{21}=\frac{2}{21}$

1 (1)①3 ②$\frac{2}{3}$ (2)①2 ②6 ③$\frac{1}{2}$

2 ①12 ②10 ③6 ④9 ⑤7

1 ①$\frac{3}{5}$ ②$\frac{2}{3}$ ③$\frac{7}{6}\left(1\frac{1}{6}\right)$

④$\frac{1}{4}$ ⑤$\frac{1}{5}$ ⑥$\frac{1}{30}$

2 ①$\frac{29}{18}\left(1\frac{11}{18}\right)$ ②$\frac{1}{24}$ ③$\frac{7}{8}$

④$\frac{23}{12}\left(1\frac{11}{12}\right)$ ⑤$\frac{4}{3}\left(1\frac{1}{3}\right)$ ⑥$\frac{7}{6}\left(1\frac{1}{6}\right)$

**しあげの5分レッスン** 答えが約分できるかどうか
をもう一度確にんしよう。

3 式 $\frac{7}{5}-\frac{2}{3}-\frac{7}{10}=\frac{1}{30}$ 　　答え $\frac{1}{30}$ m

1 ②$\frac{5}{21}+\frac{3}{7}=\frac{5}{21}+\frac{9}{21}=\frac{14}{21}=\frac{2}{3}$

③$\frac{5}{12}+\frac{3}{4}=\frac{5}{12}+\frac{9}{12}=\frac{14}{12}=\frac{7}{6}\left(1\frac{1}{6}\right)$

⑤$\frac{8}{15}-\frac{1}{3}=\frac{8}{15}-\frac{5}{15}=\frac{3}{15}=\frac{1}{5}$

⑥$\frac{9}{20}-\frac{5}{12}=\frac{27}{60}-\frac{25}{60}=\frac{2}{60}=\frac{1}{30}$

2 ②$\frac{5}{8}+\frac{1}{6}-\frac{3}{4}=\frac{15}{24}+\frac{4}{24}-\frac{18}{24}=\frac{1}{24}$

③$\frac{2}{3}-\frac{5}{8}+\frac{5}{6}=\frac{16}{24}-\frac{15}{24}+\frac{20}{24}=\frac{21}{24}=\frac{7}{8}$

⑥$\frac{7}{3}-\frac{5}{12}-\frac{3}{4}=\frac{28}{12}-\frac{5}{12}-\frac{9}{12}$

$=\frac{14}{12}=\frac{7}{6}\left(1\frac{1}{6}\right)$

3 はじめのリボンの長さから、はるきさんとみきさん
が使った長さをひいて求めます。

1 (1)①4 ②9 ③$4\frac{1}{12}$ (2)①2 ②10 ③$1\frac{7}{10}$

2 ①3 ②15 ③10 ④$1\frac{5}{6}$

1 ①$2\frac{13}{20}\left(\frac{53}{20}\right)$ ②$3\frac{3}{4}\left(\frac{15}{4}\right)$

③$4\frac{5}{24}\left(\frac{101}{24}\right)$ ④$3\frac{4}{9}\left(\frac{31}{9}\right)$

⑤$1\frac{1}{4}\left(\frac{5}{4}\right)$ ⑥$2\frac{3}{10}\left(\frac{23}{10}\right)$

**しあげの5分レッスン** 答えの帯分数が、整数と仮
分数の和になっていたら、整数と真分数の和になおそう。

2 ①$\frac{11}{15}$ ②$1\frac{5}{6}\left(\frac{11}{6}\right)$

1 ②$1\frac{1}{12}+2\frac{2}{3}=1\frac{1}{12}+2\frac{8}{12}=3\frac{9}{12}$

$=3\frac{3}{4}\left(\frac{15}{4}\right)$

③$2\frac{5}{6}+1\frac{3}{8}=2\frac{20}{24}+1\frac{9}{24}=3\frac{29}{24}$

$=4\frac{5}{24}\left(\frac{101}{24}\right)$

④$1\frac{11}{18}+1\frac{5}{6}=1\frac{11}{18}+1\frac{15}{18}=2\frac{26}{18}$

$=3\frac{8}{18}=3\frac{4}{9}\left(\frac{31}{9}\right)$

⑥$3\frac{3}{4}-1\frac{9}{20}=3\frac{15}{20}-1\frac{9}{20}=2\frac{6}{20}$

$=2\frac{3}{10}\left(\frac{23}{10}\right)$

2 ①$2\frac{1}{3}-1\frac{3}{5}=2\frac{5}{15}-1\frac{9}{15}=1\frac{20}{15}-1\frac{9}{15}$

$=\frac{11}{15}$

🏠 **おうちのかたへ** 帯分数のたし算・ひき算では、整数部分の計算を忘れる場合があります。整数部分と分数部分に分けて考えさせてください。

③ 式 $1\frac{4}{5}+1\frac{1}{4}=3\frac{1}{20}\left(\frac{61}{20}\right)$

　　　　　　　答え $3\frac{1}{20}\left(\frac{61}{20}\right)$ L

④ 式 $2\frac{1}{2}-1\frac{7}{10}=\frac{4}{5}$　　　答え $\frac{4}{5}$ kg

② $4\frac{2}{15}-2\frac{3}{10}=4\frac{4}{30}-2\frac{9}{30}=3\frac{34}{30}-2\frac{9}{30}$

　　　　　　　　　$=1\frac{25}{30}=1\frac{5}{6}\left(\frac{11}{6}\right)$

③ やかんに入っている量とポットに入っている量をたします。

④ （はじめにあった量）－（残りの量）＝（使った量）にあてはめます。

---

**ぴったり3 確かめのテスト** 60〜61 ページ　　　　　てびき

① ①⑦12　①3　②⑦56　①27

② ①$\left(\frac{5}{20}　\frac{8}{20}\right)$ ②$\left(\frac{14}{18}　\frac{15}{18}\right)$
　③$\left(\frac{9}{24}　\frac{14}{24}\right)$ ④$\left(\frac{20}{24}　\frac{9}{24}　\frac{16}{24}\right)$

③ ①$\frac{1}{5}$ ②$\frac{2}{7}$

④ ①$\frac{6}{10}$、$\frac{9}{15}$、$\frac{12}{20}$ ②$\frac{6}{14}$、$\frac{9}{21}$

⑤ ①$\frac{19}{21}$ ②$\frac{19}{24}$ ③$1\frac{7}{12}\left(\frac{19}{12}\right)$ ④$2\frac{1}{4}\left(\frac{9}{4}\right)$
　⑤$2\frac{5}{6}\left(\frac{17}{6}\right)$ ⑥$\frac{37}{72}$ ⑦$\frac{11}{15}$ ⑧$\frac{19}{72}$
　⑨$\frac{1}{6}$ ⑩$1\frac{1}{2}\left(\frac{3}{2}\right)$ ⑪$\frac{11}{12}$ ⑫$1\frac{5}{12}\left(\frac{17}{12}\right)$

⑥ 式 $\frac{4}{5}-\frac{2}{3}=\frac{2}{15}$　　　答え $\frac{2}{15}$ km

⑦ 式 $3\frac{5}{6}+2\frac{1}{4}=6\frac{1}{12}\left(\frac{73}{12}\right)$

　　　　　　　答え $6\frac{1}{12}\left(\frac{73}{12}\right)$ kg

① ①$\frac{18}{24}=\frac{9}{\square}=\frac{\square}{4}$ ②$\frac{3}{7}=\frac{24}{\square}=\frac{\square}{63}$

② 分母の最小公倍数を共通の分母にします。

③ 分母と分子をそれらの数の最大公約数でわります。

④ ①分母の5を2倍、3倍、……して考えます。
　②分子の3を2倍、3倍、……して考えます。

⑤ ④$\frac{5}{3}+\frac{7}{12}=\frac{20}{12}+\frac{7}{12}=\frac{27}{12}=\frac{9}{4}=2\frac{1}{4}$
　⑩$3\frac{5}{6}-2\frac{1}{3}=3\frac{5}{6}-2\frac{2}{6}=1\frac{3}{6}=1\frac{1}{2}$

🏠 **おうちのかたへ** 通分するとき、分母だけに数をかけるまちがいが多いです。分母と分子に同じ数をかけているか確認してあげてください。

⑥ ちがいを求めるので、ひき算を使います。

⑦ 合わせた重さを求めるのでたし算です。

⏱ **しあげの5分レッスン** まちがえた問題をもう1回やってみよう。

---

# ⑩ 平　均

**ぴったり1 準備** 62 ページ

① ①②108、120 ③444 ④444 ⑤4 ⑥111 ⑦111
② ①合計 ②11 ③5 ④11 ⑤5 ⑥2.2 ⑦2.2

**ぴったり2 練習** 63 ページ　　　　　てびき

① 50分

② 61 g

① 平均＝合計÷個数（日数）
　(90+30+40+60+20+50+60)÷7=50

② (60+58+62+60+65)÷5=61

③ 280.5 g

④ 8.9 秒

⑤ 4.8 人

③ (265+295+252+291+304+276)÷6
=280.5

④ (8.6+9.1+8.7+9.2)÷4=8.9

⑤ (5+7+0+4+8)÷5=4.8

**しあげの5分レッスン** 公式にあてはめて問題を解くとき、個数が何のことなのかをよく確かめよう。

**ぴったり1 準備 64ページ**

1 (1)①〜⑤242、238、245、236、239 ⑥240 ⑦240
(2)①平均(240) ②240 ③7200 ④7.2 ⑤7.2

2 ①〜⑤1264、1256、1264、1254、1262 ⑥1260 ⑦1260 ⑧63 ⑨63

**ぴったり2 練習 65ページ**                                    **てびき**

1 80点

2 ①24.5人 ②約980人

3 ①約58cm ②約145m

**しあげの5分レッスン** 1歩の歩はばの平均を求めて、それを使って長さをはかる方法をしっかり練習しておこう。

1 理科のテストの点数を□点とすると、
(78+85+□+81)÷4=81だから、
78+85+□+81=81×4=324
□=324−(78+85+81)=80

2 ①147÷6=24.5(人)
②24.5×40=980(人)

3 ①(5.8+5.75+5.92+5.86+5.77)÷5
=5.82
5.82m=582cmだから、
582÷10=58.2(cm)
②58×250=14500(cm)
14500cm=145m

**ぴったり3 確かめのテスト 66〜67ページ**              **てびき**

1 ①⑦合計 ①個数
②920g ③230g

2 式 (98+102+95+110+100+99+96)÷7
=100                        答え 100g

3 式 (1+3+0+3+2)÷5=1.8
答え 1.8人

4 ①式 (6.5+6.3+6.6+6.2)÷4=6.4
6.4m=640cm
640÷10=64        答え 約64cm
②式 64×1200=76800
76800cm=768m    答え 約768m

5 式 46.4×25=1160    答え 1160さつ

6 ①183.5kg
②式 183.5−(36.7+40.5+32.4+30.4)
=43.5              答え 43.5kg

7 ①式 (460+470+390+430+400)÷5
=430              答え 430kg
②式 430×12=5160  答え 約5160kg

1 ③920÷4=230(g)

2 平均=合計÷個数 で求めます。

3 水曜日に利用した人はいませんが、日数には数えます。

4 ①10歩の長さの平均を求めてから、1歩の歩はばを求めます。
②道のり=歩はば×歩数 で求めます。

5 合計=平均×個数(日数) で求めます。

6 ①合計=平均×個数(人数)だから、
36.7×5=183.5(kg)です。
②合計から、残りの4人分の体重をひきます。

7 ①平均=合計÷個数(月数) で求めます。
②合計=平均×個数(月数) で求めます。

**8** ①式　3.5÷7=0.5　　　　　　答え　0.5 L
　　②式　0.5×30=15　　　　　　答え　約15 L

> **◎しあげの5分レッスン**　平均の考えは、理科でも使うから、公式をきちんと覚えておこう。

**8** ①7日間で3.5 L 飲んだので、1日の平均は、
　　3.5÷7=0.5（L）です。
　②1日の平均0.5 L を30日間飲むと考えます。

> **⌂おうちのかたへ**　日常にあるもので平均を求める問題をつくって一緒に解いてみましょう。例えば、家族全員の平均年れいや1週間の平均睡眠時間など。

# ⑪ 単位量あたりの大きさ

**びったり1　準備　68ページ**

**1** ①9　②0.6　③0.6　④10　⑤0.5　⑥0.5　⑦A室　⑧15　⑨1.7　⑩20　⑪2　⑫A室
**2** ①8500　②50　③170　④170

**びったり2　練習　69ページ**　　　　　　　　　　　**てびき**

**1**　A小学校

> **◎しあげの5分レッスン**　混みぐあいを比べるときは、1㎡（面積）あたりの人数で比べると、混んでいるほど数が大きくなるからわかりやすいよ。

**2**　1540 g

**3**　Aの自動車

**4**　けんじさんの家の畑

**5**　B市

**1** 1㎡ あたりの人数で比べます。
Aは、960÷4800=0.2（人）
Bは、480÷1600=0.3（人）
だから、A小学校の運動場のほうがゆったりしているといえます。
別解　1人あたりの面積で比べると、
　Aは、4800÷960=5（㎡）
　Bは、1600÷480=3.3…（㎡）

**2** はり金1m あたりの重さを求めてから、28 m の重さを求めます。
1 m あたりの重さは、165÷3=55（g）です。
だから、28 m の重さは、55×28=1540（g）

**3** 1 L あたりの走る量で比べると、Aは
560÷40=14（km）
Bは 650÷50=13（km）走ります。
1 km あたりのガソリンの量で比べると、
A は 40÷560=0.071…で、約 0.07（L）、B は
50÷650=0.076…で、約 0.08（L）となります。

**4** 1㎡ あたりどれだけとれたかで比べると、
けんじさんの家の畑　105÷70=1.5（kg）
なおやさんの家の畑　126÷90=1.4（kg）

**5** A市…55632÷152=366（人）
B市…35520÷96=370（人）

**びったり3　確かめのテスト　70〜71ページ**　　　　　**てびき**

**1** ㋐0.5　㋑0.4　㋒2　㋓2.5　㋔A

**2** ①㋐式　70÷14=5　　　　　　答え　5個
　　㋑式　96÷24=4　　　　　　答え　4個
　②Aの花だん

**3** ①式　8616÷80=107.7　答え　107.7人
　②式　6356÷56=113.5　答え　113.5人
　③B町

**1** 1㎡ あたりのにわとりの数が多いほう、1羽あたりの面積がせまいほうが混んでいるといえます。

**2** ②1㎡ あたりの個数で比べるから、個数の多いほうが混んでいるといえます。

**3** 人口密度＝人口÷面積　で求めます。

④ ①⑦450÷3=150　　　　　答え　150円
　　①650÷5=130　　　　　答え　130円
　　②5さつで650円のノート

⑤ 式　864÷120=7.2(kg)
　　　684÷90=7.6(kg)
　　　　　　　　　答え　かほさんの家の畑

⑥ 式　240÷12=20(km)
　　　575÷25=23(km)　　答え　Bの自動車

⑦ 式　210÷6=35
　　　455÷35=13　　　　　答え　13m

**しあげの5分レッスン**　大きさで比べるときは、どちらも同じ単位をもとにしているかを確にんしよう。

⑤ 1m²あたりどれだけとれたかで比べると、
　　たかしさんの家の畑　　864÷120=7.2(kg)
　　かほさんの家の畑　　684÷90=7.6(kg)

⑥ Aは、240÷12=20(km)
　　Bは、575÷5=23(km)

⑦ リボン1mあたりの代金は、
　　210÷6=35(円)となります。
　　買ったリボンの長さを□mとすると、
　　35×□=455です。
　　だから、□=455÷35　□=13です。

**おうちのかたへ**　例えば、「袋に入った2種類のお菓子で、どっちがお得か」を1個あたりの値段を求めて考えると、日常生活に結び付いてよいです。

# ⑫ 分数と小数、整数

**ぴったり1　準備**　72ページ

① (1)$\frac{3}{7}$　(2)$\frac{1}{3}$　(3)$\frac{6}{5}$

② ①$\frac{2}{7}$　②$\frac{2}{7}$

③ (1)9　(2)7

**ぴったり2　練習**　73ページ　　　　　　　　　　てびき

① ①$\frac{1}{9}$　②$\frac{3}{8}$　③$\frac{4}{7}$　④$\frac{8}{17}$　⑤$\frac{9}{14}$

　　⑥$\frac{5}{2}\left(2\frac{1}{2}\right)$　⑦$\frac{3}{20}$　⑧$\frac{22}{7}\left(3\frac{1}{7}\right)$　⑨$\frac{6}{19}$

② ①2　②3　③7　④9　⑤14　⑥19

③ ①5÷6=$\frac{5}{6}$　　　　　答え　$\frac{5}{6}$L

　　②2÷13=$\frac{2}{13}$　　　　答え　$\frac{2}{13}$kg

　　③3÷10=$\frac{3}{10}$　　　　答え　$\frac{3}{10}$m

　　④60÷7=$\frac{60}{7}$　　　　答え　$\frac{60}{7}\left(8\frac{4}{7}\right)$g

① ○÷△=$\frac{○}{△}$のようにします。

② $\frac{○}{△}$=○÷△のようにします。

**しあげの5分レッスン**　分数は、分子を分母でわった商を表す数とみることもできるね。

**ぴったり1　準備**　74ページ

① (1)9　(2)①9　②$\frac{13}{9}$

② (1)25　(2)①14　②$\frac{25}{14}$

23

❶ ①$\frac{8}{11}$倍　②$\frac{13}{11}\left(1\frac{2}{11}\right)$倍

❷ ①$\frac{8}{13}$倍　②$\frac{13}{8}\left(1\frac{5}{8}\right)$倍

❸ ①$7\div 3=\frac{7}{3}\left(2\frac{1}{3}\right)$　　　　答え　$\frac{7}{3}\left(2\frac{1}{3}\right)$倍

　②$23\div 30=\frac{23}{30}$　　　　　答え　$\frac{23}{30}$倍

　③$13\div 6=\frac{13}{6}\left(2\frac{1}{6}\right)$　　　答え　$\frac{13}{6}\left(2\frac{1}{6}\right)$倍

　④$17\div 24=\frac{17}{24}$　　　　　答え　$\frac{17}{24}$倍

　⑤$25\div 19=\frac{25}{19}\left(1\frac{6}{19}\right)$　答え　$\frac{25}{19}\left(1\frac{6}{19}\right)$倍

❶ ①、②とも、もとにする量は、赤い入れ物の水のかさの 11 L だから、
　①8 を 11 でわります。
　②13 を 11 でわります。

❷ ①もとにする量は 13 m だから、8 を 13 でわります。
　②もとにする量は 8 m だから、13 を 8 でわります。

❸ ①もとにする量は 3 cm だから、7 を 3 でわります。

⏱ **しあげの5分レッスン** 分数倍になっても、整数や小数と同じようにわり算で求められるよ。

1 (1)①$\frac{3}{5}$　②0.6　(2)①5　②6　③0.83

2 (1)$\frac{7}{10}$　(2)①33　②$\frac{33}{100}$　(3)①1　②1

3 (1)①2　②1　(2)①6　②3　③$\frac{9}{15}$　④$\frac{1}{15}$

❶ ①0.8　②0.17　③0.78
　④0.64　⑤1.75　⑥2.15

❷ ①<　②=　③>

❸ ①$\frac{9}{10}$　②$\frac{3}{100}$　③$1\frac{7}{10}\left(\frac{17}{10}\right)$　④$\frac{27}{100}$
　⑤$3\frac{7}{10}\left(\frac{37}{10}\right)$　⑥$2\frac{19}{100}\left(\frac{219}{100}\right)$

❶ ①$\frac{4}{5}=4\div 5=0.8$

　②$\frac{1}{6}=1\div 6=0.16\overset{7}{6}6\cdots$

　③$\frac{7}{9}=7\div 9=0.7\overset{8}{7}7\cdots$

　⑤$1\frac{3}{4}=1+\frac{3}{4}=1+0.75=1.75$

　⑥$2\frac{3}{20}=2+\frac{3}{20}=2+0.15=2.15$

❷ 分数を小数になおして比べます。

　①$\frac{8}{5}=8\div 5=1.6$

　②$\frac{3}{4}=3\div 4=0.75$

　③$3\frac{4}{7}=\frac{25}{7}=25\div 7=3.57\cdots$

❸ ③1.7=1+0.7 として、0.7 は $\frac{1}{10}$ が7個分だから $\frac{7}{10}$ で、$1\frac{7}{10}$ となります。

④ ①6 ②10

⑤ ①$\frac{17}{30}$ ②$\frac{33}{35}$ ③$\frac{23}{30}$ ④$1\frac{1}{4}\left(\frac{5}{4}、1.25\right)$

④0.27 は $\frac{1}{100}$ が 27 個分になります。

⑤3.7＝3＋0.7 とします。

⑥2.19＝2＋0.19 として、0.19 は $\frac{1}{100}$ が 19 個分になります。

④ 整数は、分母が１の分数になおすことができます。

⑤ ①$0.4+\frac{1}{6}=\frac{4}{10}+\frac{1}{6}=\frac{12}{30}+\frac{5}{30}$
$$=\frac{17}{30}$$

②$\frac{1}{7}+0.8=\frac{1}{7}+\frac{8}{10}=\frac{10}{70}+\frac{56}{70}=\frac{66}{70}$
$$=\frac{33}{35}$$

③$0.9-\frac{2}{15}=\frac{9}{10}-\frac{2}{15}=\frac{27}{30}-\frac{4}{30}=\frac{23}{30}$

④$2\frac{3}{4}-1.5=2\frac{3}{4}-1\frac{5}{10}=2\frac{15}{20}-1\frac{10}{20}$
$$=1\frac{5}{20}=1\frac{1}{4}$$

*しあげの５分レッスン* 分数を小数に表すと計算がかん単になるけど、小数に表せないものもあるので注意しよう。

## ぴったり３ 確かめのテスト 78〜79ページ    てびき

❶ ①$\frac{3}{10}$ ②$\frac{9}{4}\left(2\frac{1}{4}\right)$ ③$\frac{13}{6}\left(2\frac{1}{6}\right)$

❷ ①5 ②5 ③1 ④11

❸ ①0.2 ②3 ③0.25
④0.69 ⑤1.83 ⑥1.4

❹ ①$\frac{3}{10}$ ②$\frac{29}{100}$ ③$\frac{1}{20}\left(\frac{5}{100}\right)$
④$\frac{3}{2}\left(1\frac{1}{2}、\frac{15}{10}\right)$ ⑤$\frac{6}{1}$ ⑥$\frac{203}{100}\left(2\frac{3}{100}\right)$

❺ ①$\frac{7}{4}\left(1\frac{3}{4}\right)$L ②$\frac{15}{8}\left(1\frac{7}{8}\right)$m

❻ ①< ②= ③> ④=

❶ $○÷△=\frac{○}{△}$

わり算の式は、わられる数が分子、わる数が分母の分数で表すことができます。

❷ $○÷△=\frac{○}{△}$ から考えます。

❸ ①$\frac{1}{5}=1÷5=0.2$

②$\frac{24}{8}=24÷8=3$ ③$\frac{1}{4}=1÷4=0.25$

④$\frac{9}{13}=9÷13=0.69\overset{2}{\cdots}$

⑤$\frac{11}{6}=11÷6=1.83\overset{3}{\cdots}$

⑥$1\frac{2}{5}$ は１と $\frac{2}{5}$ だから、$\frac{2}{5}=2÷5=0.4$ より、１と 0.4 から 1.4

❹ 小数は、10、100 などを分母とする分数で表すことができます。

$\frac{1}{10}$ の位までの小数は、分母を 10 とします。

$\frac{1}{100}$ の位までの小数は、分母を 100 とします。

⑤整数は、分母が１の分数で表せます。

❺ ①$7÷4=\frac{7}{4}\left(1\frac{3}{4}\right)$

②$15÷8=\frac{15}{8}\left(1\frac{7}{8}\right)$

❻ 小数を分数になおしましょう。

②$1.25=\frac{125}{100}=\frac{5}{4}$

**7** ① $\frac{4}{3}\left(1\frac{1}{3}\right)$  ② $3\frac{1}{2}\left(\frac{7}{2}, 3.5\right)$

③ $2\frac{1}{5}\left(\frac{11}{5}, 2.2\right)$  ④ $1\frac{13}{30}\left(\frac{43}{30}\right)$

> 🏠 **おうちのかたへ** 分数は、分子÷分母を表しています。小数に表すときは、分子と分母を確認し、逆にしないように注意してみてあげてください。

**8** ① $\frac{23}{16}\left(1\frac{7}{16}\right)$倍  ② $\frac{16}{39}$倍

> ⏰ **しあげの5分レッスン** 小数を分数に表すとき、約分できるときは約分しよう。

**7** ② $1\frac{1}{4}+2.25=1\frac{1}{4}+2\frac{1}{4}=3\frac{2}{4}=3\frac{1}{2}$

③ $4.6-2\frac{2}{5}=4\frac{3}{5}-2\frac{2}{5}=2\frac{1}{5}$

④ $1.7-\frac{4}{15}=1\frac{7}{10}-\frac{4}{15}=1\frac{21}{30}-\frac{8}{30}$

　　　　 $=1\frac{13}{30}$

**8** ①もとにする大きさは320 m²だから、

460÷320=$\frac{460}{320}$=$\frac{23}{16}\left(1\frac{7}{16}\right)$(倍)

②もとにする大きさは、460+320=780(m²)

だから、320÷780=$\frac{320}{780}$=$\frac{16}{39}$(倍)

# ⑬ 割 合

**ぴったり1 準備　80ページ**

**1** ①比べる量 ②5 ③0.6 ④0.6
**2** (1)①0.01 ②5 (2)54 (3)0.26 (4)1.4
**3** ①350 ②350 ③625 ④56

**ぴったり2 練習　81ページ**　　　　　　　　　　　　　　**てびき**

**1** ①ゆうき　22÷25=0.88　　　　答え　0.88
　　えいた　9÷15=0.6　　　　答え　0.6
　　じゅん　20÷25=0.8　　　　答え　0.8
　　ひろと　18÷20=0.9　　　　答え　0.9
　②ひろと、ゆうき、じゅん、えいた

**2** ①7% ②29% ③60% ④104%
　⑤400% ⑥0.92 ⑦0.08 ⑧1.25
　⑨2.7

**1** ①比べる量がゴールした数、もとにする量がシュートした数です。
　②割合が1に近いほど、成績が良いといえます。

**2** ①〜⑤は、0.01が1%です。つまり、小数で表した割合を100倍すると百分率になります。
　①0.07×100=7
　②0.29×100=29
　③0.6×100=60
　④1.04×100=104
　⑤4×100=400
　⑥〜⑨は、1%は0.01です。百分率で表した割合を$\frac{1}{100}$にする(100でわる)と小数で表した割合になります。
　⑥92÷100=0.92
　⑦8÷100=0.08
　⑧125÷100=1.25
　⑨270÷100=2.7

> ⏰ **しあげの5分レッスン** 百分率で表した割合の数は、小数で表した割合の数の100倍になっているか確にんしよう。

**3** 式　60÷750=0.08　　　　　　答え　8%
**4** ①式　578÷680=0.85　　　　答え　85%
　②式　782÷680=1.15　　　　答え　115%

**3 4** 小数で表した割合を百分率になおすのをわすれないようにしましょう。

1 ①0.4 ②0.4 ③360 ④360
2 ①0.2 ②0.2 ③0.2 ④200 ⑤200

---

てびき

1 式 110×1.3＝143　　　　答え 143個
2 ①式 60×0.85＝51　　　　答え 51人
　②式 60×1.2＝72　　　　答え 72人
3 式 16÷0.4＝40　　　　　答え 40人
4 式 9÷0.03＝300　　　　答え 300㎡
5 式 4480÷0.8＝5600　　答え 5600円

1 130% は 1.3 になります。
2 定員 60 人がもとにする量です。
3 もとにする量を□として、□×0.4＝16 としても求められます。□＝16÷0.4
4 もとにする量を求める問題です。

🕐しあげの5分レッスン ●%の数を求めるときは、かならず小数になおしてから計算しよう。

---

1 ①0.35 ②0.35 ③0.35 ④2340 ⑤2340
2 ①0.01 ②37.2 ③1 ④1 ⑤1 ⑥3 ⑦7 ⑧2 ⑨37.2 ⑩3 ⑪7 ⑫2

---

てびき

1 式 180×(1−0.55)＝81　　答え 81人

2 式 1600×(1−0.25)＝1200
　　　　　　　　　　答え 1200円

🏠おうちのかたへ 図をかくことによって、問題を整理することができ、問題の中の数が何を表すのかわかりやすくなります。

3 式 540×(1+0.1)＝594　　答え 594人

4 式 18÷(1−0.85)＝120　　答え 120個

5 式 4200÷(1−0.4)＝7000
　　　　　　　　　　答え 7000円

1 55% は 0.55 だから、ボランティアをしたことがない人の割合は、1−0.55＝0.45 になります。全部で 180 人なので、180×0.45＝81（人）となります。
2 定価の 25% 引きのねだんは、定価の 1−0.25＝0.75（倍）にあたります。

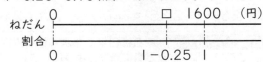

1600×0.75＝1200（円）
3 去年より 10% の増加は、去年の人数の 1+0.1＝1.1（倍）にあたります。

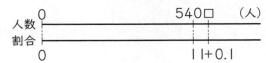

540×1.1＝594（人）
4 仕入れたおべんとうの数を□個として、かけ算の式にあてはめてから、□を求めます。

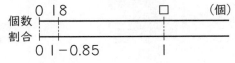

□×(1−0.85)＝18
□×0.15＝18
□＝18÷0.15＝120
5 定価を□円として□を求めます。
□×(1−0.4)＝4200
□×0.6＝4200
□＝4200÷0.6＝7000

⑥ 式　700×（1−0.3）＝490　　　答え　490円

⏱しあげの5分レッスン　割合を表す数1は、百分率では100%、歩合では10割と表すことを覚えよう。

⑥ 3割を小数で表すと0.3です。定価の3割引きのねだんは、定価の1−0.3＝0.7（倍）になります。

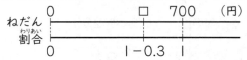

700×0.7＝490（円）

---

ぴったり3　**確かめのテスト**　**86〜87**ページ　　　てびき

① ①35、50、0.7
　②比べる量、もとにする量

② ①12%　②190%　③26.5%
　④0.83　⑤0.02　⑥1.06

③ ①40　②260　③70

④ ①式　21÷25＝0.84　　　　答え　84%
　②式　25×（1−0.08）＝23　　答え　23題

⑤ 式　36÷（1−0.85）＝240　答え　240本

🏠おうちのかたへ　割合は日常でもよく使う内容です。ここで、しっかりと身に着けるようにしましょう。帯グラフ・円グラフなど、この後も多く使われる重要単元になります。

⑥ 式　2900×（1−0.2）＝2320
　　　　　　　　　　　　　答え　2320円

⑦ 式　138÷（1＋0.15）＝120　答え　120g

⑧ 式　2000×（1−0.4）＝1200　答え　1200円

⏱しあげの5分レッスン　問題文の中の数に、「もとにする量」、「比べる量」、「割合」を書いておくと、式にあてはめるときにまちがいが少なくなるよ。

② 小数で表した割合を百分率になおすときには、小数点の位置を右へ2けた移します。
また、百分率を小数で表した割合になおすときには、小数点の位置を左へ2けた移します。

③ ①割合は、比べる量÷もとにする量　で求めます。
　もとにする量は、80gです。
　32÷80＝0.4　0.4は40%です。
②比べる量＝もとにする量×割合　で求めます。
　もとにする量は、400円です。
　65%は0.65です。
　400×0.65＝260
③もとにする量を求める問題です。もとにする量を□として、もとにする量×割合＝比べる量　にあてはめます。30%は0.3です。
　□×0.3＝21　□＝21÷0.3＝70

④ ②すすむさんのできた数の割合は、1−0.08＝0.92になります。

⑤ 仕入れたバラの数を□本として、かけ算の式にあてはめてから、□を求めます。

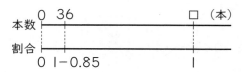

□×（1−0.85）＝36
　□×0.15＝36
　　□＝36÷0.15＝240

⑥ 20%引きの割合は、1−0.2＝0.8になります。
2900×（1−0.2）＝2900×0.8＝2320（円）

⑦ もとの量を□gとして、かけ算の式にあてはめてから、□を求めます。
□×（1＋0.15）＝138　□×1.15＝138
□＝138÷1.15＝120

⑧ 4割引きの割合は、1−0.4＝0.6になります。
2000×（1−0.4）＝2000×0.6＝1200（円）

**読み取る力をのばそう**

❶ ①
| 定価 | 150円 | 200円 | 250円 |
|---|---|---|---|
| あ | 105 | 140 | 175 |
| ○い | 100 | 150 | 200 |

②200円と250円のパン
③150円のパン
④あの割引券

❷ ①
| | 大人5人 | 子ども5人 | 合計 |
|---|---|---|---|
| あ | | | 2850 |
| ○い | 1500 | 1000 | 2500 |
| ○う | | | 2700 |

①○いの割引券
②あの割引券

❶ ④あの割引券では、30%引きだから、定価に
1−0.3=0.7をかけると求めることができます。
150×0.7=105、200×0.7=140、
250×0.7=175
また、それぞれ1個ずつ買ったときの代金は
(150+200+250)×0.7=420（円）です。
○うの割引券では、150+200+250=600、
600−150=450（円）になります。

❷ ①あと○うの割引券は大人と子どもの入場料がかわら
ないので、まとめて計算します。
300×(1−0.05)×10=2850…あ
300×(1−0.1)×10=2700…○う
○いの割引券は大人と子どもそれぞれを計算して合
計を求めます。
300×5+(300−100)×5=2500
②合計7人なので、あと○いの割引券だけ使うことが
できます。
300×(1−0.05)×7=1995…あ
300×6+(300−100)×1=2000…○い

# ⑭ 帯グラフと円グラフ

❶ (1)①60　②$\frac{6}{10}$$\left(\frac{3}{5}\right)$　(2)①26　②13　③26　④2
❷ ①120　②120　③120　④120　⑤0.083…　⑥35　⑦12　⑧8

❶ ①42%　②約$\frac{1}{4}$　③約2倍
④520×0.15=78　　　　　　　答え　78万円

❶ ②畜産による売り上げは全体の24%なので、全
体の約$\frac{1}{4}$です。
③野菜による売り上げは15%で、くだものによ
る売り上げは7%です。もとにする量はくだも
のによる売り上げなので、15÷7=2.1…
約何倍というときには整数で表せばよいので$\frac{1}{10}$
の位で四捨五入して求めます。
④野菜による売り上げは15%なので、合計の520
万円に、15%を小数にした0.15をかけると求
めることができます。

**②** ①(上から順に) 40、25、14、8、13
②　けがをした場所別の人数の割合

| 校　庭 | 体育館 | ろう下 | 教室 | その他 |

0　10　20　30　40　50　60　70　80　90　100(%)

┌ ⏱ **しあげの5分レッスン** ┐ 円グラフや帯グラフで表す
¦ とき、百分率で表した割合の合計が 100 になることを
└ 確にんしよう。 ────────────────────┘

**②** ①それぞれ合計の 80 でわります。

校庭は、33÷80＝0.4125

体育館は、20÷80＝0.25

ろう下は、11÷80＝0.1375

教室は、6÷80＝0.075

その他は、10÷80＝0.125 となります。

$\frac{1}{1000}$ の位で四捨五入するので、校庭は約 0.41
で百分率にすると 41% です。ろう下は約 0.14
で 14%、教室は約 0.08 で 8%、その他は約
0.13 で 13% になります。体育館の 25% と合
計すると、百分率が 101% になってしまうので、
割合の一番大きい校庭の 41% を 40% にします。
これで百分率の合計が 100% になりました。

②目もりがこまかいので、注意しながら帯グラフを
かきましょう。

---

**ぴったり1 準備**　　**92** ページ

**1** (1)帯グラフ　(2)ぼうグラフ、折れ線グラフ　(3)割合

---

**ぴったり2 練習**　　**93** ページ　　　　　　　　　**てびき**

**1** ①(1)⑦　(2)⑤
②2019 年から 2021 年の間の紙ごみの量

┌ ⏱ **しあげの5分レッスン** ┐ ぼうグラフは数の大きさ、
折れ線グラフは変わり方、円グラフ・帯グラフは割合の
変わり方がわかりやすいね。自分なりにまとめてみよう。

**1** ①(1)⑦のグラフでは、それぞれの種類のごみの量の
変わり方がわかりにくいです。
(2)割合を表しているのは⑤のグラフだけです。
②⑦のグラフで調べると、それぞれのごみの量の変
化がわかりやすいです。

---

**ぴったり3 確かめのテスト**　　**94〜95** ページ　　　**てびき**

**1** 食費…35%、ひ服費…16%

**2** ①約 3 倍　②約 $\frac{1}{4}$

**1** 帯グラフの 1 目もりは 1% です。

**2** ①乗用車の台数の割合は 53% で、バスの台数の割
合は 17% です。もとにする量はバスの台数な
ので、53÷17＝3.1…
約何倍というときには整数で表せばよいので、
$\frac{1}{10}$ の位で四捨五入して求めます。

②バスとトラックの台数を合わせると、27% にな
ります。これは、$\frac{1}{4}$ である 25% に近いので、
約 $\frac{1}{4}$ としてよいです。

**3** ①23%
②56×0.23＝12.88　　　答え　12.88 km²
③35÷17＝2.0…　　　　答え　約 2 倍

**3** ②総面積の 23% が、田の面積になります。
③それぞれの割合(%)で、何倍になっているかを求
めます。

④ 割合…①41 ②28 ③15 ④11 ⑤5

町別の生徒数

| 東町 | 西町 | 南町 | 北町 | その他 |

0 10 20 30 40 50 60 70 80 90 100(%)

町別の生徒数

その他 100%
90　　0
　　　　10
80 北町
　南町　　　東町　20
70
　　西町　　　30
　60　　40
　　　50

⑤ ①800×0.34=272　　　　　答え　272人
　②650×0.14=91　　　　　答え　91人
　③34÷17=2　　　　　　　答え　2倍
　④正しくない。

┌─────────────────────────────────┐
│ ⏰しあげの5分レッスン グラフは、割合の大きい順 │
│ にかいているかな。ただし、その他はかならず最後にか │
│ くことを覚えておこう。 │
└─────────────────────────────────┘

④ 割合を求めたら、合計が100％になるかどうか
　かならず確かめましょう。

┌─────────────────────────────────┐
│ 🏠おうちのかたへ　3年の棒グラフ、4年の折れ線グ │
│ ラフを確認してあげましょう。また、百分率を忘れてい │
│ たら、1つ前の単元で確認させましょう。 │
└─────────────────────────────────┘

⑤ 帯グラフから、A小学校とB小学校の好きな食べ物
　の人数の割合は、次のようになります。

好きな食べ物の人数の割合

| | A小学校 | B小学校 |
|---|---|---|
| カレーライス | 34% | 32% |
| ハンバーグ | 25% | 30% |
| 焼き肉 | 17% | 14% |
| すし | 9% | 12% |
| その他 | 15% | 12% |
| 合　計 | 100% | 100% |

③それぞれの人数を求めなくても、割合が何倍に
　なっているかを調べれば、求められます。
④割合が大きいからといって、その人数が多いとは
　かぎりません。それぞれの人数を計算して、どち
　らが多いか比べましょう。

# ⑮ 正多角形と円

**ぴったり1 準備　96ページ**

1 (1) 　(2)

2 (1)①6　②60　③60　(2)①60　②60　③正三角形　④60　⑤120　⑥120　(3)3

**ぴったり2 練習　97ページ**　　　　　　てびき

① ①60°　②45°

② ①正三角形　②正九角形　③正十二角形
　④正十角形

① 正多角形は円を利用してかくことができます。円の
　中心の周りの角を等分して半径をひき、半径と円の
　交わった点を順に結びます。
　①円の中心の周りの角は360°です。正六角形は
　　360°を6等分します。
　　360°÷6=60°
　②正八角形は、円の中心の周りの角を8等分して、
　　360°÷8=45°とします。

② ①360°÷120°=3、正三角形
　②360°÷40°=9、正九角形
　③360°÷30°=12、正十二角形
　④360°÷36°=10、正十角形

31

③
①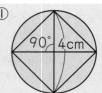
②

④ ①72°　②二等辺三角形　③54°　④108°

③ ①半径4÷2＝2（cm）の円の中心の周りの角を90°
　ずつに区切ります。垂直に交わる直径をかけばよ
　いです。

　②半径2.5cmの円の中心の周りの角を60°ずつに
　区切ります。または、円周を半径で区切ってかい
　てもよいです。

④ ①円の中心の周りの角を5等分します。
　　360°÷5＝72°
　②三角形OABは、2つの辺が半径で等しいから二
　　等辺三角形です。
　③（180°−72°）÷2＝54°
　④54°×2＝108°
　　正多角形の1つの角は、180°−（中心の周りの角
　　を等分した角）です。
　　正五角形では、180°−72°＝108°となります。

しあげの5分レッスン 正六角形を円を使ってかく
とき、その円の半径と正六角形の1辺の長さが等しくな
るよ。実際にかいて確にんしよう。

---

**ぴったり1　準備　　98ページ**

1 ①直径　②円周率　③3　④9.42　⑤9.42
2 ①3.14　②2　③3　④比例
3 ①2　②2　③6　④18.84　⑤18.84　⑥37.68　⑦37.68

---

**ぴったり2　練習　　99ページ**　　てびき

① ①4×3.14＝12.56　　　　答え　12.56 cm
　②10×3.14＝31.4　　　　　答え　31.4 cm
　③18×3.14＝56.52　　　　答え　56.52 cm
　④4×2×3.14＝25.12　　　答え　25.12 cm
　⑤6×2×3.14＝37.68　　　答え　37.68 cm
　⑥3.5×2×3.14＝21.98　　答え　21.98 cm

② 40 cm

③ 4倍

④ 2倍

⑤ あの線の長さと○の線の長さは等しい。

① 円周＝直径×3.14（円周率）にあてはめて求めます。

② この円の直径を□cmとすると、
　□×3.14＝125.6 となります。だから、
　□＝125.6÷3.14＝40 となります。

③ 直径は、16÷4＝4（倍）だから、円周も4倍になり
　ます。

④ 円周＝直径×円周率＝半径×2×円周率　です。半
　径が2倍になると直径も2倍になります。
　だから、円周も2倍になります。

⑤ あは、直径4×3＝12（cm）の円の円周の半分だか
　ら、12×3.14÷2＝18.84（cm）
　○は、4×3.14÷2×3＝18.84（cm）

しあげの5分レッスン 円周率3.14はしっかり覚え
ておこう。円周の長さは、直径×3.14を覚えるといいね。

---

**ぴったり3　確かめのテスト　　100〜101ページ**　　てびき

① ①正五角形　②正八角形　③直径

②

① ②円の中心の周りの角は360°ですから、
　　360°÷45°＝8 から、正八角形がかけます。

② 円の中心の周りの角を6等分します。
　360°÷6＝60° から、60°ずつに区切ります。

③ ①式　12×3.14＝37.68　　　答え　37.68 cm
　　②式　4.5×2×3.14＝28.26
　　　　　　　　　　　　　　　答え　28.26 cm

④ ①式　□×3.14＝47.1
　　　　□＝47.1÷3.14＝15　　答え　15 cm
　　②式　□×3.14＝25.12
　　　　　□＝25.12÷3.14＝8　　答え　8 m

⑤ 式　4×2＝8
　　　24÷8＝3　　　　　　　　答え　3倍

⑥ 式　50×3.14＝157
　　　471 m＝47100 cm
　　　47100÷157＝300　　　答え　300回転

⑦ 式　15×3.14＋15×2＝77.1
　　　　　　　　　　　　　　答え　77.1 m

⑧ 式　5×3.14＋5×2＝25.7　　答え　25.7 cm

⑨ 3.14 cmずつ増える。

🏠 おうちのかたへ　円の性質は3年で学習しています。
直径、半径をもう一度確認させましょう。円周の長さの
公式もここでしっかり覚えさせましょう。

🕐 しあげの5分レッスン　どこでまちがえたか確にん
して、まちがえやすいところを見つけよう。

③ 円周＝直径×円周率　にあてはめて求めます。

④ 直径を□として、円周を求める公式にあてはめて考
えます。

⑤ 円周＝直径×円周率　だから、直径が2倍、3倍に
なると、円周も2倍、3倍になります。半径が
4cmの円の直径は8cmになります。

⑥ 一輪車の車輪が1回転する間に進む道のりが、車輪
の円周に等しいということを使って考えます。

⑦ 直径15 mの2つの半円を合わせると、1つの円
になります。

⑧ 2つの半円を合わせて、1つの円になります。

⑨ 円周＝直径×円周率　の式の直径に数をあてはめて
円周を求めて、表をつくるとわかりやすいです。
　　直径が1 cmのとき、1×3.14＝3.14（cm）
　　直径が2 cmのとき、2×3.14＝6.28（cm）
6.28－3.14＝3.14（cm）

| 直径（cm） | 1 | 2 | 3 | 4 | … |
|---|---|---|---|---|---|
| 円周（cm） | 3.14 | 6.28 | 9.42 | 12.56 | … |

　　　　　　　　　3.14　3.14　3.14

# 🎀 プログラミングにちょうせん！

| 正多角形をかこう | **102～103** ページ | | **てびき** |
|---|---|---|---|

❶ （上から）5、120、5、120、5、120

❷ （上から）4、4、90

❸ ①⑦　②⑨　③⑥

❶ 正三角形は、同じ長さの辺と同じ大きさの角が3つ
なので、直線をひいて角をつくる動きを3回くり返
してかきます。角の大きさは60°なので、回転す
る角度は、
　　　180°－60°＝120°
🐢の向きを左に120°回します。

❷ 正方形は、同じ長さの辺と90°の角が4つなので、
直線をひいて直角をつくる動きを4回くり返してか
きます。

❸ ①このプログラムは、6 cmの直線をひいて、左に
72°回す動きを5回くり返します。

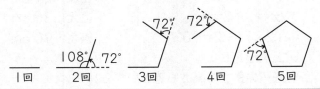

# ⑯ 四角形と三角形の面積

**ぴったり1 準備** **104**ページ

**1** ①4 ②6 ③4 ④6 ⑤24 ⑥24

**2** (1)①底辺 ②4 ③24 ④24 (2)①5 ②5 ③10 ④10

**3** (1)①8 ②16 ③24 ④32 ⑤40 (2)①2 ②3 ③4 ④比例（ひれい）

**ぴったり2 練習** **105**ページ

**てびき**

**1** ①たて…5cm、横…8cm
②5×8=40 　　　　　　　答え　40cm²

**2** ①5×3=15 　　　　　　　答え　15cm²
②6×10=60 　　　　　　　答え　60cm²
③15×12=180 　　　　　　答え　180cm²
④10×12=120 　　　　　　答え　120cm²
⑤4×6=24 　　　　　　　答え　24cm²
⑥1.2×3=3.6 　　　　　　答え　3.6cm²

**3** ①（左から）4、8、12、16、20、24
②△=○×4
③比例しているといえる。

> **しあげの5分レッスン** 平行四辺形の高さは底辺に
> 垂直（すいちょく）になっているところだね。底辺×高さになっている
> か確（かく）にんしよう。

**1** ②平行四辺形ＡＢＣＤの面積は、たて5cm、横
8cmの長方形の面積に等しくなっています。

**2** 平行四辺形の面積＝底辺×高さ
①底辺が5cm、高さが3cmです。
②横になっていても、10cmが高さです。
③12cmは、底辺を15cmとみたときの高さです。
④高さが平行四辺形の外に出ていることもあります。
⑤底辺が4cm、高さが6cmです。
⑥3cmは、底辺を1.2cmとみたときの高さです。

**3** ①平行四辺形の高さは4cmと決まっているので、
面積は、底辺×4の式の底辺に1、2、3、……
をあてはめて計算します。
②平行四辺形の面積＝底辺×高さ　にあてはめて、
△=○×4　とします。
③表より、底辺が2倍、3倍、……になると、面積
も2倍、3倍、……になるから、面積は底辺に比
例しているといえます。

**ぴったり1 準備** **106**ページ

**1** ①6 ②4 ③6 ④4 ⑤12 ⑥12

**2** (1)①高さ ②2 ③3 ④3
(2)①5 ②5 ③20 ④20
(3)①4 ②4 ③12 ④12

**ぴったり2 練習** **107**ページ

**てびき**

**1** ①底辺…8cm、高さ…5cm
②8×5÷2=20 　　　　　答え　20cm²

**2** ①7×8÷2=28 　　　　　答え　28cm²
②6×8÷2=24 　　　　　答え　24cm²
③15×12÷2=90 　　　　答え　90cm²
④6×7÷2=21 　　　　　答え　21cm²
⑤6×12÷2=36 　　　　　答え　36cm²
⑥12×15÷2=90 　　　　答え　90cm²

**3** ①三角形ＦＢＣ
②底辺の長さも高さも等しいから。

> **しあげの5分レッスン** 三角形の面積を求めるとき
> は、最後の「÷2」をわすれていないか確（かく）にんしよう。

**1** ②平行四辺形ＡＢＣＤの面積は、三角形ＡＢＣの2
つ分の面積だから、2でわります。

**2** ①底辺が7cm、高さが8cmです。
②8cmは、底辺を6cmとみたときの高さです。
④底辺が6cm、高さが7cmです。
⑥15cmは、底辺を12cmとみたときの高さです。

**3** あと①は平行だから、三角形ＡＢＣと三角形ＤＥＣ
と三角形ＦＢＣの高さはどれも等しくなっています。
その中で、底辺の長さも三角形ＡＢＣと等しいのは
三角形ＦＢＣです。

## ぴったり1 準備 **108**ページ

**1** (1)①下底 ②8 ③18 ④18
(2)①対角線 ②6 ③12 ④12

**2** ①6 ②3 ③三角形 ④4 ⑤6 ⑥21 ⑦21

## ぴったり2 練習 **109**ページ

**てびき**

**1** (6+3)×4÷2=18　　　　答え　18cm²

**2** ①(3+8)×4÷2=22　　　答え　22cm²
②(5+7)×5÷2=30　　　答え　30cm²

**3** 6×10÷2=30　　　　　答え　30cm²

> **🕐しあげの5分レッスン** 台形の面積は平行四辺形を、ひし形の面積は長方形をもとにしているよ。公式をわすれたときは、成り立ちを考えてみよう。

**4** ①5×8÷2=20　　　　　答え　20cm²
②2×2=4　5×2=10
　4×10÷2=20　　　　答え　20cm²
③6×4÷2+8×6÷2+10×5÷2=61
　　　　　　　　　　　　答え　61cm²
④14×10−14×4÷2=112
　　　　　　　　　　　　答え　112cm²

**1** 平行四辺形ABEFの底辺は6+3=9（cm）、高さは4cmだから、面積は9×4=36（cm²）です。これは台形ABCDの2つ分の面積だから、2でわって、36÷2=18（cm²）

**2** 台形の面積＝（上底＋下底）×高さ÷2　にあてはめて求めます。
①上底が3cm、下底が8cm、高さが4cmです。
②高さが台形の外に出ているときもあります。

**3** 長方形EFGHのたては6cm、横は10cmだから、面積は6×10=60（cm²）。これは、ひし形ABCDの面積の2倍だから、2でわります。60÷2=30（cm²）

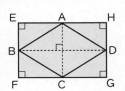

**4** ①ひし形の面積＝対角線×対角線÷2　にあてはめて求めます。
②対角線は、2×2=4（cm）、5×2=10（cm）です。
③3つの三角形に分けて求めます。
④長方形から三角形をひいて求めます。
[別解] 2つの台形に分けます。
　(10+6)×4÷2+(6+10)×10÷2=112（cm²）

## ぴったり3 確かめのテスト **110〜111**ページ

**てびき**

**1** ①式　6.5×4=26　　　　答え　26cm²
②式　10×8÷2=40　　　答え　40cm²

**2** ①式　18×12=216　　　答え　216cm²
②式　(4+6)×3÷2=15　答え　15cm²
③式　3×2=6　5×2=10
　　　6×10÷2=30　　　答え　30cm²

**3** ①式　4×2.5÷2+4×1.5÷2=8
　　　　　　　　　　　　答え　8cm²
②式　9×4.8÷2+10×2÷2=31.6
　　　　　　　　　　　　答え　31.6cm²

> **🏠おうちのかたへ** 覚えている公式を使って解けるように図を分けて考えさせましょう。

**1** 公式にあてはめて求めましょう。

**2** ①12cmは、底辺を18cmとみたときの高さです。

> **🕐しあげの5分レッスン** 図の下にある辺が底辺とはかぎらないよ。もう一度、底辺と高さを確にんしよう。

**3** 対角線で2つの三角形に分けて求めます。
②下の図のように、2つの三角形に分けて求めます。

35

④ ①式　8×6÷2−8×2÷2=16

　　　　　　　　　　　答え　16 cm²

　②式　16×10−4×10=120

　　　　　　　　　　　答え　120 m²

⑤ ①2.5倍　②3倍

⑥ ⑤

⑦ ①(左から)6、9、12、15
　②2倍、3倍になる。
　③6×○÷2＝△
　④比例しているといえる。

---

④ ①大きい三角形の面積から小さい三角形の面積をひきます。
　②底辺が16 m、高さが10 mの平行四辺形の面積から、底辺が4 m、高さが10 mの平行四辺形の面積をひきます。
　別解 色のついた部分をよせると、底辺は16−4=12(m)、高さが10 mの平行四辺形になります。12×10=120(m²)

⑤ 三角形の面積＝底辺×高さ÷2　で求められます。
　①高さが同じなので、⑥の面積が⑤の面積の何倍になるかは、底辺の長さを比べればよいです。だから、5÷2=2.5(倍)
　②高さが同じなので、⑥の面積が⑤の面積の何倍になるかは、底辺の長さを比べればよいです。⑥の底辺は、12−3=9(cm)です。
　だから、9÷3=3(倍)

⑥ ⑥の図は、底辺が(4+8)cm、高さが5 cmの平行四辺形の面積を半分にしたものです。
　⑤の図は、底辺が(4+8)cm、高さが5 cmの三角形の面積です。
　⑤の図は、底辺が(4+8)cm、高さが(5÷2)cmの平行四辺形の面積です。
　だから、(4+8)×(5÷2)は⑤の図から考えたものです。

⑦ ①三角形の面積＝底辺×高さ ÷2　にあてはめて求めます。
　②高さが2倍、3倍、4倍、……になると、面積も2倍、3倍、4倍、……になっています。
　③底辺×高さ÷2＝三角形の面積　にあてはめます。
　④②から比例しているといえます。

---

# 17 速 さ

**ぴったり1 準備　112ページ**

❶ ①8　②6.25　③80　④12.5　⑤6.4
　⑥ゆうと　⑦50　⑧12.5　⑨80　⑩ゆうと
❷ ①2　②72　③1.2　④0.02

**ぴったり2 練習　113ページ**

てびき

❶ ①250 m
　②ゆうじさん

❷ 自動車B

❸ ①時速 70 km　②分速 180 m
　③分速 80 m(または分速 0.08 km)
　④秒速 0.3 km(または秒速 300 m)

❶ ①3000÷12=250(m)
　②ゆうじさんは、1分あたり
　　2310÷7=330(m)走ります。
❷ 1分間あたりに走る道のりで比べます。
　自動車A…3.2÷5=0.64(km)
　自動車B…8.4÷12=0.7(km)です。
❸ ①420÷6=70　②3600÷20=180
　③3.2 km=3200 m　3200÷40=80
　④3÷10=0.3

1 ①60 ②2.5 ③60 ④2.5 ⑤150 ⑥150
2 ①25 ②1.5 ③1.5
3 ①1200 ②1200 ③80 ④1200 ⑤80 ⑥15 ⑦15

1 ①288 km
　②2.5 時間

2 ①1400 m
　②15 km
　③1920 m

3 ①6 時間
　②16 分
　③48 秒

> ⏰ **しあげの5分レッスン** 時速を分速、分速を秒速に
> なおすときは 60 でわる。また、時速を秒速になおすと
> きは 3600 でわることを覚えておこう。

1 ①道のり=速さ×時間　だから、
　　72×4=288(km)となります。
　②時間=道のり÷速さ　だから、
　　180÷72=2.5(時間)となります。

2 ①70×20=1400(m)
　②時速 60 km は分速 1 km だから、
　　1×15=15(km)
　③4 分は 240 秒だから、
　　8×240=1920(m)

3 ①390÷65=6(時間)
　②3.2 km=3200 m だから、
　　3200÷200=16(分)
　③1.2 km=1200 m だから、
　　1200÷25=48(秒)

1 ①式　6÷30=0.2
　　　　5÷20=0.25
　　　答え　たけし…0.2 km、けんた…0.25 km
　②けんた(さん)
　③式　30÷6=5
　　　　20÷5=4
　　　　　　答え　たけし…5分、けんた…4分
　④けんた(さん)

2 ①式　258÷3=86　　　　答え　時速 86 km
　②式　1 時間 15 分＝75 分
　　　　4800÷75=64　　　答え　分速 64 m

3 ①式　90×15=1350　　　答え　1350 m
　②式　150÷30=5　　　　　答え　5秒

4 ①式　(例)1200÷60=20　答え　トラック
　②式　(例)10×3600=36000
　　　　36000 m=36 km　答え　つばめ

1 ①1 分あたりに進んだ道のり=道のり÷時間(分)
　③1 km あたりにかかった時間=時間÷道のり(km)

> 🏠 **おうちのかたへ** 自分が歩いた道のり、時間を使っ
> て速さを求めたり、自転車で進んだ道のりを使って速さ
> を求めたりして、身近に感じさせるとよいです。

2 速さ=道のり÷時間　にあてはめます。
　②分速を求めるので、時間を分で表します。
　　1 時間は 60 分だから、1 時間 15 分＝75 分
　　4800÷75=64

3 ①道のり=速さ×時間
　②時間=道のり÷速さ

4 ①秒速か分速にそろえて比べます。
　　分速にそろえると、トラックの速さは、
　　25×60=1500(m)　1500 m=1.5 km
　　となって、分速 1.5 km です。
　②秒速か時速にそろえて比べます。
　　秒速にそろえると、バスの速さは、
　　35000÷3600=9.7…　となって、
　　秒速 9.7…m です。

⑤ 式　200×35=7000
　　　　7000÷70=100
　　　　100分＝1時間40分
　　　　　　　　　　　答え　1時間40分

⑥ 式　（130+70）÷8=25　　答え　秒速25m

しあげの5分レッスン　求めるための式は時間の単位がきちんとそろっているか確にんしよう。

⑤ はじめに道のりを求めます。
　$\underset{速さ}{200} \times \underset{時間}{35} = \underset{道のり}{7000}$（m）
　次に、時間を求めます。
　$\underset{道のり}{7000} \div \underset{速さ}{70} = \underset{時間}{100}$（分）

⑥ トンネルに入り始めてから出るまでに走る道のりは、130+70（m）です。

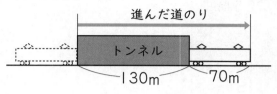

進んだ道のり
トンネル
130m　　70m

# ⑱ 角柱と円柱

## ぴったり1 準備　118ページ

1 (1)①三角柱　②六角柱　(2)平行　(3)4
2 (1)円柱　(2)6

## ぴったり2 練習　119ページ　　てびき

①

| 立体の名前 | あ | い | う |
|---|---|---|---|
| | 三角柱 | 四角柱 | 五角柱 |
| 頂点の数 | 6 | 8 | 10 |
| 辺の数 | 9 | 12 | 15 |
| 面の数 | 5 | 6 | 7 |

② ①円柱　②平行　③10cm

③ ①あ三角柱　い円柱　う四角柱　え円柱
　　お五角柱
　②い、え

① 立体の名前は底面の形で考えます。
　頂点の数は、（底面の頂点の数）×2
　辺の数は、（底面の辺の数）×3
　面の数は、（側面の数）＋（底面の数）
　で求められます。

② ①底面の形は円になっています。
　②角柱や円柱の2つの底面は平行です。

③ 角柱の名前は、底面の形で決まります。

しあげの5分レッスン　直方体も立方体も四角柱だよ。立体の名前は底面の形から考えよう。

## ぴったり1 準備　120ページ

1 ①5　②円周　③4　④12.56
2 (1)①三角　②長方　③三角柱　(2)①四角　②四角柱

## ぴったり2 練習　121ページ　　てびき

① ①三角柱　②6cm　③辺DC　④4cm
　⑤3cm

② ①20cm　②8cm

① 展開図を組み立てると、右のような形になります。

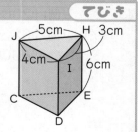

② ②円周の長さが50.24cmなので、
　□×2×3.14=50.24　となります。だから、
　□=50.24÷2÷3.14=8

③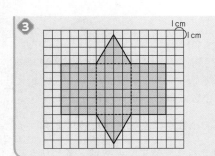

③ 面の数は５つです。底面は三角形で２つあります。

**しあげの5分レッスン** 展開図では、組み立てたときに重なる辺の長さが等しくなることを覚えておこう。

## ぴったり③ 確かめのテスト　122〜123ページ　てびき

**1** ①五角形　②五角柱　③7

**2** ①円柱　②四角柱　③六角柱

**3** ①八角柱　②八角形　③長方形
　④辺…24　頂点…16

**4**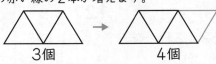

**5** ①辺IH　②点C、点I　③正三角形
　④12cm　⑤5cm

**6** ①円柱　②8cm　③18.84cm

---

**2** ③底面は六角形です。

**3** ④一方の底面の辺の数、頂点の数はどちらも８です。

**4** 底面は２つ、側面は３つあります。

**おうちのかたへ** 家の中にあるもので、立体の名前を答えるゲームをすると楽しく立体の名前を覚えられます。

**5** ⑤組み立てたとき、高さは辺IHの長さになります。

**6** ③辺ADの長さは、底面の円の円周と等しいです。
　だから、6×3.14＝18.84（cm）となります。

**しあげの5分レッスン** かいた展開図を実際に組み立てて、正しい立体になるか確にんしてみよう。

## 考えてみよう

### 変わり方を調べよう　124〜125ページ　てびき

**1** ①⑦9　④11　⑦2　㊀2
　②2本
　③⑦2　④1　⑦4　㊀11　㊋11
　④式　3+2×(10−1)=21　　　答え　21本

**2** ①順に、6、8、10、12
　②2cm 増える。
　③□×2+2=○
　④18cm
　⑤32cm

---

**1** ①②下の図のように、三角形が１個増えると、図形の赤い線の２本が増えます。

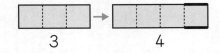

3個　　　　→　　　　4個

**2** ①下の図のように、正方形が１個増えると、図形の周りの長さは、正方形の上と下の辺の分（太い線）の1×2＝2（cm）増えます。

3　　　　　4

③（正方形の数）×2+2＝（図形の周りの長さ）となります。

④③の式の□に8をあてはめます。
　8×2+2=18

⑤③の式の□に15をあてはめます。
　15×2+2=32

# 5年の復習①

❶ ①735　②0.602

❷ ①偶数…28、34、42
　　奇数…1、9、17、59
　　②9、42

❸ ①24　②60　③36

❹ ①3　②4　③4

❺ ①$\left(\dfrac{6}{10}\quad\dfrac{5}{10}\right)$　②$\left(\dfrac{20}{36}\quad\dfrac{21}{36}\right)$　③$\left(\dfrac{9}{48}\quad\dfrac{14}{48}\right)$

❻ ①$\dfrac{7}{10}$　②$\dfrac{3}{4}$　③$\dfrac{2}{3}$

❼ ①0.625　②8　③$2\dfrac{7}{10}\left(\dfrac{27}{10}\right)$　④$\dfrac{3}{100}$

**てびき**

❶ ①10倍すると、小数点は右へ1けた移ります。
　②$\dfrac{1}{100}$にすると、小数点は左へ2けた移ります。

❷ ①偶数は2でわりきれる整数で、奇数は2でわりきれない整数です。
　②3に整数をかけてできる数が、3の倍数です。

❸ ①②は、（　）の中の2つの数のうちの大きいほうの数の倍数のなかから、小さいほうの数の倍数でもっとも小さい数を見つけます。
　③もっとも大きい数9の倍数のなかから、残りの4でも6でもわりきれるもっとも小さい数を見つけます。

❹ （　）の中の2つの数のうちの小さいほうの数の約数のうち、大きいほうの数をわりきるいちばん大きい数を見つけます。

❺ それぞれの分数の分母の最小公倍数を分母として通分します。

❻ 分母と分子を同じ数でわっていきます。分母と分子を最大公約数でわると、一度で約分できます。
　③12でわると、一度で約分できます。

❼ ①$\dfrac{5}{8}=5\div8=0.625$
　②$\dfrac{56}{7}=56\div7=8$
　④0.03は$\dfrac{1}{100}$が3個分です。

# 5年の復習②

❶ ①0.63　②14　③6.3　④31.175
　⑤4.8　⑥1.4

❷ ①$\dfrac{11}{12}$　②$\dfrac{2}{15}$　③$2\dfrac{1}{9}\left(\dfrac{19}{9}\right)$　④$1\dfrac{7}{10}\left(\dfrac{17}{10}\right)$

**てびき**

❶
①
```
    0.7
  × 0.9
  0.6 3
```
③
```
    1.8
  × 3.5
    9 0
   5 4
   6.3 0
```
④
```
    7 2.5
  × 0.4 3
   2 1 7 5
  2 9 0 0
  3 1.1 7 5
```

⑤
```
         4.8
 7.5 )3 6.0
       3 0 0
         6 0 0
         6 0 0
             0
```
⑥
```
          1.4
 2.1 8 )3.0 5.2
         2 1 8
           8 7 2
           8 7 2
               0
```

❷ ②$\dfrac{5}{6}-\dfrac{7}{10}=\dfrac{25}{30}-\dfrac{21}{30}=\dfrac{\overset{2}{\cancel{4}}}{\underset{15}{\cancel{30}}}=\dfrac{2}{15}$

　④$4\dfrac{1}{5}-2\dfrac{1}{2}=4\dfrac{2}{10}-2\dfrac{5}{10}=3\dfrac{12}{10}-2\dfrac{5}{10}$
　　　$=1\dfrac{7}{10}$

40

③ 18.5÷1.2=15 あまり 0.5
　　　　答え　15本できて、0.5Lあまる。

④ (17+22+0+19+20)÷5=15.6
　　　　　　　　答え　15.6さつ

⑤ ①2×4÷2=4　　　　答え　4 cm²
　　②8×12=96　　　答え　96 cm²
　　③(3+7)×4÷2=20　答え　20 cm²
　　④6×9÷2=27　　　答え　27 cm²

⑥ 10×2×3.14÷4=15.7
　10×3.14÷2=15.7
　15.7+15.7+10=41.4　答え　41.4 cm

③ びんの数は整数だから、商を一の
　位まで求めて、あまりをだします。

$$\begin{array}{r} 15 \\ 1.2\overline{)18.5} \\ 12 \\ \hline 65 \\ 60 \\ \hline 0.5 \end{array}$$

④ 水曜日に利用した人はいませんが、日数には数えます。

⑤ ①底辺2cm、高さ4cmです。
　②底辺8cm、高さ12cmです。
　③台形の面積＝(上底＋下底)×高さ÷2　にあてはめて求めます。
　④ひし形の面積＝対角線×対角線÷2　を使います。

⑥ 半径10cmの円の円周の$\frac{1}{4}$と、直径10cmの円の円周の半分と、正方形の1辺を考えます。

#  5年の復習③

まとめのテスト　**128**ページ　　てびき

① ①四角柱　②9.2cm

② 式　28.26÷3.14=9　　　答え　9 cm

③ ①38 %　②7 %　③0.09　④1.13

④ ①35　②240

⑤ 式　156÷0.6=260　　　答え　260 個

⑥ 式　6km=6000 m
　6000÷25=240　　　答え　分速240 m

⑦ ①約$\frac{1}{4}$　②13 %

① ①展開図を組み立てると、
　右のような形になります。
　②2+2+2.2+3
　　=9.2(cm)

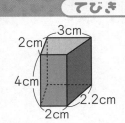

② 円周＝直径×円周率　にあてはめて求めます。この円の直径を□cmとすると、
　□×3.14=28.26となります。だから、
　□=28.26÷3.14=9となります。

③ 0.01が1%になります。
　また、小数を百分率になおすときは、小数点の位置を右へ2けた移します。
　百分率を小数になおすときは、小数点の位置を左へ2けた移します。

④ ①割合＝比べる量÷もとにする量　にあてはめます。
　　小数で表された割合を百分率になおします。
　②比べる量＝もとにする量×割合　にあてはめます。
　　百分率で表された割合を小数になおしてから計算します。

⑤ もとにする量＝比べる量÷割合　にあてはめて求めます。60％は0.6です。

⑥ 速さ＝道のり÷時間　にあてはめます。
　道のりをmになおしてから計算します。

⑦ 円グラフの1目もりは1%です。
　①アニメを見る人は24％なので、約$\frac{1}{4}$としてかまいません。

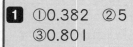

# 夏のチャレンジテスト

てびき

**1** ①0.382　②5
　　③0.801

**2** ①1000　②1000000

**3** ①4 cm
　　②70°

**4** ①、⑤

**5** ①28.5　②23.38
　　③3.9　④3.8

**6** ①0.6 あまり 0.3
　　②12.9 あまり 0.27

---

**1** 小数の 10 倍や 100 倍、$\frac{1}{10}$ や $\frac{1}{100}$ がどんな数になるかをみる問題です。小数点の位置が右へ移ると大きくなり、左へ移ると小さくなります。

10 倍、100 倍すると、それぞれ小数点の位置が右へ 1 けた、2 けた移ります。$\frac{1}{10}$、$\frac{1}{100}$ すると、それぞれ小数点の位置が左へ 1 けた、2 けた移ります。

**2** 単位の関係はしっかり覚えましょう。

**3** 合同な図形の性質がわかっているかをみます。対応する辺や角を見つけられるようにしましょう。
　①辺BCに対応する辺は、辺EFです。
　②角Gに対応する角は、角Dです。
　　角Dの大きさは、
　　$360° - (70° + 90° + 130°) = 70°$

**4** ある数に、1より大きい小数や、1より小さい小数をかけたりわったりしたとき、もとの数より大きくなるのか小さくなるのかがわかっているかをみます。わからないときは、18、30ページの「ぴったり1」を見なおしましょう。かける数が1より大きいとき、積はかけられる数より大きくなります。わる数が1より小さいとき、商はわられる数より大きくなります。

**5** 小数のかけ算とわり算ができるかをみる問題です。小数点をうつ位置に注意しましょう。

①　　9.5
　×　　3
　　28.5

②　　16.7
　×　1.4
　　668
　167
　23.38

③　　　　　3.9
　16)62.4
　　48
　　144
　　144
　　　0

④　　　　　3.8
　3.5)13.3
　　　105
　　　280
　　　280
　　　　0

**6** 小数のわり算をしたとき、あまりの小数点の位置がわかっているかをみる問題です。商の小数点の位置にも注意しましょう。

①　　0.6
　9)5.7
　　5.4
　　0.3

②　　　12.9
　3.7)48.0
　　　37
　　　110
　　　74
　　　360
　　　333
　　　0.27

**7**
①11
②35
③154
④6.2

**8**
①10
②10.5

**9** 式　2.1×5.6=11.76　　　答え　11.76 cm²

**10**
①56.78
②68.75

**11**
①90°　②80°
③130°　④160°

**7** 小数の計算のきまりがわかっているかをみる問題です。かんたんに計算できるようにしましょう。
①6+3.7+1.3=6+(3.7+1.3)
　=6+5=11
②7×2.7+7×2.3=7×(2.7+2.3)
　=7×5=35
③2.5×15.4×4=(2.5×4)×15.4
　=10×15.4=154
④4×3.1−2×3.1=(4−2)×3.1
　=2×3.1=6.2

**8** 小数点の位置を右や左へ移したとき、もとの数に何をすればよいのかがわかっているかをみます。
①わる数を10倍すると、わられる数も10倍します。
②10倍した数は小数点が右へ1けた移ります。

**9** 小数の計算と長方形の面積の求め方がわかるかをみる問題です。
整数のときと同じように、長方形の面積を求める公式にあてはめます。

```
    2.1
  × 5.6
  1 2 6
  1 0 5
1 1.7 6
```

**10** 数の大小の関係について、わかっているかをみます。
①左から小さい順に数をならべます。
②70に一番近い数は十の位が6か7なので68.75と75.68を比べてみます。

**11** 三角形や四角形や多角形の角の大きさの和がわかるかをみる問題です。
①130°ととなり合う角は、
　180°−130°=50°
　三角形の3つの角の大きさの和は180°なので、
　180°−(40°+50°)=90°
②四角形は対角線をひくと、2つの三角形に分けられるので、四角形の4つの角の大きさの和は、
　180°×2=360°になります。
　360°−(90°+120°+70°)=80°
③120°ととなり合う角は、
　180°−120°=60°
　アの角ととなり合う角は、
　180°−(70°+60°)=50°だから、
　アの角は、180°−50°=130°
④五角形は、1つの頂点から2本の対角線をひくと3つの三角形に分けられます。だから、五角形の角の大きさの和は、180°×3=540°になります。
　540°−(110°+85°+120°+65°)=160°

**12** ①式　3.4×1.5＝5.1　　　　　　　答え　5.1 m
　　②式　3.4×5.1＝17.34　　　　　答え　17.34 ㎡

**13** 式　95÷2.5＝38　　　　　　　　答え　38 cm

**14** ①式　3×3×3＋2＝29
　　　　2×2×2×29＝232　　　　　答え　232 cm³
　　②式　4×3×3－(4×1×1)×2＝28
　　　　　　　　　　　　　　　　　答え　28 cm³

**12** 小数の計算と長方形の面積の求め方がわかるかをみる問題です。
②長方形の面積＝たて×横

**13** 1となる大きさを求める計算です。何倍かを表す数が小数で表されていてもわり算を使って計算できます。カバのしっぽの長さを□cm とするとトラのしっぽの長さは 2.5 倍で 95 cm なので、
□×2.5＝95
□＝95÷2.5＝38

**14** 複雑な立体の体積を求めることができるかをみる問題です。体積の求め方はいろいろあります。
①1辺が2cm の立方体が3×3×3＋2＝29（個）集まった立体だと考えられます。
2×2×2×29＝232（cm³）
別解 上、下2つの立体に分けてもよいです。
上の立体は4×2×2＝16、
下の立体は6×6×6＝216 だから、
16＋216＝232（cm³）
②

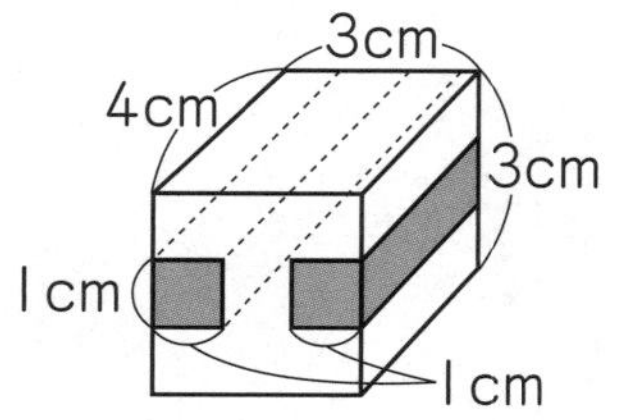

図のようにたて4cm、横3cm、高さ3cm の直方体から、たて4cm、横1cm、高さ1cm の直方体（色のついた部分）2つ分をひいて求めることができます。
別解 図形の正面の面積にたての長さをかけると、立体の体積を求めることができます。
(1×3)×2＋1×1＝7、7×4＝28（cm³）

**1** ①奇数　②正多角形

**1** 整数の性質や多角形の性質で使われる用語の問題です。しっかりと覚えておきましょう。

**2** ①$\dfrac{1}{7}$、$\dfrac{1}{8}$、$\dfrac{1}{9}$

②$\dfrac{5}{7}$、$\dfrac{3}{7}$、$\dfrac{2}{7}$

**2** 分数の分子や分母がそれぞれどのようなことを表しているのかがわかっているかをみる問題です。分母は1を何等分したかを表す数になるので、大きい数になるほど、1つ分は小さくなると考えられます。
①分子が同じときは、分母の小さいほうが大きな分数になります。
②分母が同じときは、分子の大きいほうが大きな分数になります。

**3** 最小公倍数　48

　　最大公約数　4

**3** 公倍数や公約数の問題です。
最小公倍数は、16の倍数を小さいほうから順にならべて、12でわりきれる一番小さな数です。
12の約数1、2、3、4、6、12の中から、16の約数を見つけます。そのうち、一番大きい数が最大公約数です。

**4** ①25

　　②36

　　③60

**4** 割合の使い方ができるかをみる問題です。
①0.01が1％です。つまり小数で表した割合を100倍すると百分率の数になります。小数点を右へ2けた移します。
　15÷60=0.25　→25％
②120％は1.2倍になります。30×1.2=36
③もとにする量を□mとし、□×0.3=18としても求められます。□=18÷0.3=60

**5** ①$\dfrac{3}{10}$　②$1\dfrac{9}{100}\left(\dfrac{109}{100}\right)$

　　③0.25　④0.8

**5** 小数を分数で、分数を小数で表すことができるかをみる問題です。小数や整数は、どんな数でも分数で表せますが、分数のなかには、小数できちんと表せないものもあります。

$$③\quad \begin{array}{r} 0.25 \\ 4\overline{)1.0\phantom{0}} \\ \underline{8\phantom{0}} \\ 20 \\ \underline{20} \\ 0 \end{array} \qquad ④\quad \begin{array}{r} 0.83 \\ 6\overline{)5.0\phantom{0}} \\ \underline{48\phantom{0}} \\ 20 \\ \underline{18} \\ 2 \end{array}$$

**6** ①$\dfrac{33}{28}\left(1\dfrac{5}{28}\right)$　②$4\dfrac{3}{20}\left(\dfrac{83}{20}\right)$

　　③$\dfrac{1}{18}$　④$\dfrac{9}{8}\left(1\dfrac{1}{8}\right)$　⑤$\dfrac{7}{10}$(0.7)　⑥$\dfrac{13}{15}$

**6** 分数の計算です。通分、帯分数や仮分数のなおし方がわかっているかをみる問題です。

$$①\frac{3}{7}+\frac{3}{4}=\frac{12}{28}+\frac{21}{28}=\frac{33}{28}\left(1\frac{5}{28}\right)$$

$$②1\frac{3}{4}+2\frac{2}{5}=1\frac{15}{20}+2\frac{8}{20}=4\frac{3}{20}\left(\frac{83}{20}\right)$$

$$③\frac{7}{9}-\frac{13}{18}=\frac{14}{18}-\frac{13}{18}=\frac{1}{18}$$

$$④1\frac{1}{4}-\frac{1}{2}+\frac{3}{8}=\frac{5}{4}-\frac{1}{2}+\frac{3}{8}$$

$$=\frac{10}{8}-\frac{4}{8}+\frac{3}{8}=\frac{9}{8}\left(1\frac{1}{8}\right)$$

⑤小数を分数になおして計算します。$0.3 = \frac{3}{10}$

$$\frac{2}{5} + \frac{3}{10} = \frac{4}{10} + \frac{3}{10} = \frac{7}{10}$$

⑥$1.2 = \frac{12}{10} = \frac{6}{5}$

$$\frac{6}{5} - \frac{1}{3} = \frac{18}{15} - \frac{5}{15} = \frac{13}{15}$$

**7** 整数の性質についてわかっているかをみる問題です。
それぞれの式に数をあてはめて考えてみましょう。

**8** 百分率を求めて、それを円グラフに表せるかをみる問題です。もとにする量と比べる量がわかるようにしましょう。

①もとにする量は 2500 です。

ア…1650÷2500=0.66

イ…689÷2500=0.2756

ウ…125÷2500=0.05

エ…36÷2500=0.0144

**9** 人口密度の求め方についてわかっているかをみる問題です。

人口密度＝人口(人)÷面積(km²)　にあてはめて求めます。

**10** 表の読み取りと、平均の求め方が理解できているかをみる問題です。

平均×日数　で合計の個数が求められます。合計からわかっている曜日の個数を全てひくと、残りが火曜日の個数になります。

**11** 公倍数についてわかっているかをみる問題です。
正方形になるのはたてと横の長さが等しくなる場合なので、たて6cmと横7cmの最小公倍数になります。

**12** 単位量あたりの大きさを比べることができるかをみる問題です。
それぞれのチョコレートの1個あたりのねだんを比べてみましょう。

**13** 円の円周を求めるときに、くふうすると計算をかんたんにすることができます。3.14をかけるのはなるべく少ない回数ですむように考えてみましょう。
計算のきまりを使って、かんたんに計算してみましょう。

**7** ①偶数　②奇数　③奇数　④偶数

**8** ①ア…66
　　イ…28
　　ウ…5
　　エ…1

② CD の売り上げまい数

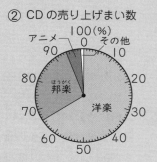

**9** 式　520000÷34.2=15204.6…
　　　　　　　答え　約15205人

**10** 式　3.5×6=21
　　　21-(1+0+4+6+7)=3　　答え　3個

**11** 42 cm

**12** 式　1170÷18=65
　　　990÷15=66　　　　　　答え　イ

**13** 式　(600+2-600)×3.14=6.28
　　　　　　　　答え　6.28 m

**1** ①三角柱、四角柱、五角柱
②四角柱　③曲面
④底辺　⑤底辺

**2** ①五角柱　②五角形
③面…7　辺…15　頂点…10

**3** ①式　810÷3=270　　　　答え　時速270km
②式　6÷5=1.2　　　　　　答え　分速1.2km
③式　270÷15=18　　　　　答え　秒速18m
④式　3÷10=0.3
0.3×60=18　　　　　　答え　時速18km

**4** ①式　(3+7)×5÷2=25　　　　答え　25cm²
②式　4×2=8
8×12÷2=48　　　　　答え　48cm²

**5** ①⑦820m　①1050m　②ハト
③式　23km=23000m
23000÷920=25　　　　答え　25分

**6** ①式　4×2÷2+4×4÷2=12
答え　12cm²
②式　3+5=8
8×6=48　　　　　　答え　48m²
③式　3×2÷2=3
(3+6)×4÷2=18　18+3=21
答え　21cm²

**7** ①円柱
②20cm

**8** 式　200×45=9000
9000m=9km　　　　答え　9km

**9** 式　78÷60=1.3
26÷1.3=20　　　　答え　20分

**10** 式　サケ…12.5×3600=45000
45000m=45km
クロマグロ…1.5×60=90
答え　クロマグロ、サケ、ナガスクジラ

**1** 立体についてのことばやその意味、図形の面積を求める公式がわかっているかをみる問題です。
上下2つの面が平行で、その形が合同な多角形になっている立体を角柱といいます。立方体や直方体は四角柱です。

**2** 角柱の特ちょうがわかっているかをみる問題です。
角柱の名前は底面の形できまります。
面の数は、(側面の数)+(底面の数)で求められます。

**3** 速さ=道のり÷時間　にあてはめます。
②別解 6km=6000mとして、
6000÷5=1200　より、分速1200m

**4** 公式を使って、図形の面積を求めることができるかをみる問題です。
①台形の面積=(上底+下底)×高さ÷2　にあてはめます。上底は3cm、下底は7cmです。
②ひし形の面積=対角線×対角線÷2　にあてはめます。対角線は4×2=8(cm)と12cmです。

**5** ③時間=道のり÷速さ　にあてはめます。

**6** 三角形や平行四辺形、台形の面積を求める公式がわかっているかをみる問題です。底辺や高さがどれになるのか、すぐに見分けられるようにしましょう。
①点線の部分の4cmを底辺と考えています。
②白い部分をつめると、底辺が3+5=8(m)、高さが6mの平行四辺形になります。
③底辺3cm、高さ2cmの三角形と、上底3cm、下底6cm、高さ4cmの台形に分けて面積を求めます。

**7** 円柱の展開図についてわかっているかをみる問題です。側面の長方形と底面の円の関係についても確にんしておきましょう。
②円柱の側面は長方形となり、横の長さは底面の円の円周と同じになります。
円周を求める公式は、直径×3.14なので、
62.8÷3.14=20

**8** 道のり=速さ×時間　にあてはめます。

**10** 時速または分速または秒速にそろえて比べます。

てびき

**1** ①68 ②0.634

**2** ①0.437 ②20.57 ③156
④3.25 ⑤$\frac{6}{5}$$\left(1\frac{1}{5}\right)$ ⑥$\frac{1}{6}$

**3** $\frac{5}{2}$、2、$1\frac{1}{3}$、$\frac{3}{4}$、0.5

**4** ⑦、あ、い

**5** ①36 ②奇数

**6** ①6人
②えん筆…4本、消しゴム…3個

**7** ①6cm ②36 cm²

**8** 19 cm³

**9** ①三角柱 ②6cm ③12 cm

**10** 辺 AC、角B

**11** 108°

**12** 500 mL

**13** ①式 72÷0.08＝900
答え 900 t

②

**ある町の農作物の生産量**

| 農作物の種類 | 米 | 麦 | みかん | ピーマン | その他 | 合計 |
|---|---|---|---|---|---|---|
| 生産量(t) | 315 | 225 | 180 | 72 | 108 | 900 |
| 割合(%) | 35 | 25 | 20 | 8 | 12 | 100 |

③

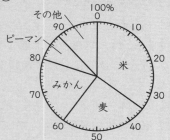

**ある町の農作物の生産量**

**14** ①式 (7＋6＋13＋9)÷4＝8.75
答え 8.75 本
②⑦

**15** ①

| 直径の長さ(○cm) | 1 | 2 | 3 | 4 |
|---|---|---|---|---|
| 円周の長さ(△cm) | 3.14 | 6.28 | 9.42 | 12.56 |

②○×3.14＝△ ③比例
④短いのは…直線アイ(の長さ)
わけ…(例)1つの円の円周の長さは
直径の 3.14倍で、直線
アイの長さは直径の3倍
だから。

**1** ①小数点を右に2けた移します。
②小数点を左に1けた移します。小数点の左に0をつけく
わえるのをわすれないようにしましょう。

**3** 分数をそれぞれ小数になおすと、
$\frac{5}{2}=5÷2=2.5$、 $\frac{3}{4}=3÷4=0.75$、
$1\frac{1}{3}=1+1÷3=1+0.33…=1.33…$

**4** 例えば、あ、⑦の速さを、それぞれ分速になおして比べます。
あ 15×60＝900 分速 900 m
⑦ 60 km は 60000 m で、60000÷60＝1000
分速 1000 m

**5** ①9と12の最小公倍数を求めます。
②・2組の人数は1組の人数より1人多い
・2組の人数は偶数だから、1組の人数は、偶数 －1で、
奇数になります。

**6** ①24と18の最大公約数を求めます。

**7** ①台形ABCDの高さは、三角形ACDの底辺を辺ADとしたと
きの高さと等しくなります。12×2÷4＝6(cm)
②(4＋8)×6÷2＝36(cm²)

**8** 例えば、右の図のように、3つの
立体に分けて計算します。
あ6×1×1＝6(cm³)
い(3＋1)×(5－1－1)×1＝12(cm³)
⑦1×1×1＝1(cm³)
だから、あわせて、6＋12＋1＝19(cm³)
ほかにも、分け方はいろいろ考えられます。

**9** ③ABの長さは、底面のまわりの長さになります。
だから、5＋3＋4＝12(cm)

**10** 辺ACの長さ、または角Bの大きさがわかれば、三角形をか
くことができます。

**11** 正五角形は5つの角の大きさがすべて等しいので、
1つの角の大きさは、540°÷5＝108°

**12** これまで売られていたお茶の量を□ mL として式をかくと、
□×(1＋0.2)＝600
□を求める式は、600÷1.2＝500

**13** ①(比べられる量)÷(割合)でもとにする量が求められます。

**14** ②1組と4組の花だんは面積がちがいます。花の本数でこみ
ぐあいを比べるときは、面積を同じにして比べないと比べ
られないので、⑦はまちがっています。

**15** ③「比例の関係」、「比例している」など、「比例」ということば
が入っていれば正解です。
④わけは、円周の長さと直線アイの長さがそれぞれ直径の何
倍になるかで比べられていれば正解とします。

付録 とりはずしてお使いください。

# 計算せんもんドリル

# 5年

5年　組

# 特色と使い方

● このドリルは、計算力を付けるための計算問題をせんもんにあつかったドリルです。

● 教科書ぴったりトレーニングに、このドリルの何ページをすればよいのかが書いてあります。教科書ぴったりトレーニングにあわせてお使いください。

教科書ぴったり
トレーニングの
ここを見てね

# もくじ

| | | | | |
|---|---|---|---|---|
| 1 | 小数×小数 の筆算① | | 17 | あまりを出す小数のわり算 |
| 2 | 小数×小数 の筆算② | | 18 | 分数のたし算① |
| 3 | 小数×小数 の筆算③ | | 19 | 分数のたし算② |
| 4 | 小数×小数 の筆算④ | | 20 | 分数のたし算③ |
| 5 | 小数×小数 の筆算⑤ | | 21 | 分数のひき算① |
| 6 | 小数×小数 の筆算⑥ | | 22 | 分数のひき算② |
| 7 | 小数×小数 の筆算⑦ | | 23 | 分数のひき算③ |
| 8 | 小数÷小数 の筆算① | | 24 | ３つの分数のたし算・ひき算 |
| 9 | 小数÷小数 の筆算② | | 25 | 帯分数のたし算① |
| 10 | 小数÷小数 の筆算③ | | 26 | 帯分数のたし算② |
| 11 | 小数÷小数 の筆算④ | | 27 | 帯分数のたし算③ |
| 12 | 小数÷小数 の筆算⑤ | | 28 | 帯分数のたし算④ |
| 13 | わり進む小数のわり算の筆算① | | 29 | 帯分数のひき算① |
| 14 | わり進む小数のわり算の筆算② | | 30 | 帯分数のひき算② |
| 15 | 商をがい数で表す小数のわり算の筆算① | | 31 | 帯分数のひき算③ |
| 16 | 商をがい数で表す小数のわり算の筆算② | | 32 | 帯分数のひき算④ |

## おうちのかたへ

・お子さまがお使いの教科書や学校の学習状況により、ドリルのページが前後したり、学習されていない問題が含まれている場合がございます。お子さまの学習状況に応じてお使いください。

・お子さまがお使いの教科書により、教科書ぴったりトレーニングと対応していないページがある場合がございますが、お子さまの興味・関心に応じてお使いください。

**1** 次の計算をしましょう。

月　　日

① 
```
   1.4
×  2.1
```

② 
```
   5.8
×  3.7
```

③ 
```
   0.8 3
×    4.6
```

④ 
```
   2.1 5
×    9.3
```

⑤ 
```
   4.3
× 0.7 5
```

⑥ 
```
   3.6
× 1.7 5
```

⑦ 
```
   0.6 2
× 0.7 8
```

⑧ 
```
   0.9 3
× 0.0 4
```

⑨ 
```
   0.0 5
× 0.8 6
```

⑩ 
```
   0.0 7
× 2.9 1
```

**2** 次の計算を筆算でしましょう。

月　　日

① 7.3×5.2

② 0.32×5.5

③ 7.8×2.01

# 2 小数×小数 の筆算②

★ できた問題には、
「た」をかこう！

でき ① でき ②

**1** 次の計算をしましょう。

月　　日

```
①    4.2        ②    7.7        ③    2.8 1      ④    0.5 5
   ×0.8            ×7.6            ×  6.5           ×  6.8
```

```
⑤    2.5        ⑥    0.8 9      ⑦    0.0 6      ⑧    0.8 5
   ×0.7 9          ×0.7 1          ×0.9 9          ×0.0 4
```

```
⑨    1 4 7      ⑩    9.4
   ×   3.4         ×1 8.9
```

**2** 次の計算を筆算でしましょう。

月　　日

① 7.5×9.4　　　② 0.14×3.3　　　③ 0.8×6.57

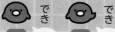

**1** 次の計算をしましょう。

月　　日

① 3.2 ×2.3

② 8.6 ×1.6

③ 0.34 × 7.1

④ 0.24 × 7.5

⑤ 4.8 ×2.63

⑥ 0.5 ×8.79

⑦ 0.49 ×0.93

⑧ 0.59 ×0.08

⑨ 0.04 ×0.45

⑩ 17.2 × 3.7

**2** 次の計算を筆算でしましょう。

月　　日

① 0.65×4.2

② 1.8×1.06

③ 306×5.8

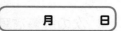

# **4** 小数×小数 の筆算④

★ できた問題には、
「た」をかこう!

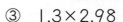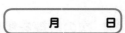

でき **1** ○  でき **2** ○

**1** 次の計算をしましょう。

月　　日

① 　4.8
　×0.3

② 　9.5
　×4.4

③ 　0.1 3
　×　9.4

④ 　2.7 6
　×　2.6

⑤ 　8.7
　×0.9 5

⑥ 　9.5
　×0.4 8

⑦ 　0.7 9
　×0.1 8

⑧ 　0.0 3
　×0.9 6

⑨ 　0.4 8
　×0.0 5

⑩ 　2 6.4
　×　1.9

**2** 次の計算を筆算でしましょう。

月　　日

① 0.25×3.6

② 9.9×0.42

③ 1.3×2.98

## 5 小数×小数 の筆算⑤

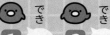
**1** 次の計算をしましょう。　　　　　　　　　　　月　　日

①　　　1.1
　　　×3.3

②　　　4.7
　　　×2.5

③　　　0.89
　　　×　5.2

④　　　2.04
　　　×　3.7

⑤　　　4.8
　　　×5.36

⑥　　　7.5
　　　×0.84

⑦　　　0.97
　　　×0.43

⑧　　　0.36
　　　×0.07

⑨　　　0.03
　　　×0.67

⑩　　　0.08
　　　×5.25

**2** 次の計算を筆算でしましょう。　　　　　　　　月　　日

①　0.64×4.3

②　5.6×0.25

③　81×1.09

# 6 小数×小数 の筆算⑥

★ できた問題には、
「た」をかこう！

でき **1** ◯　でき **2** ◯

**1** 次の計算をしましょう。

月　　　日

```
①    8.1        ②    6.5        ③    0.7 9      ④    0.6 5
   × 1.9           × 5.2           ×   7.2          ×   3.8
```

```
⑤    6.2        ⑥    2.3        ⑦    0.7 3      ⑧    0.0 8
   × 3.8 4         × 0.2 8         × 0.5 6          × 0.5 2
```

```
⑨    0.9 5      ⑩    1 8 3
   × 0.0 4          ×   2.6
```

**2** 次の計算を筆算でしましょう。

月　　　日

① 0.52×3.7　　　② 9.4×0.36　　　③ 1.05×4.18

# 7 小数×小数 の筆算⑦

★ できた問題には、
「た」をかこう！
でき 1 ○　でき 2 ○

**1** 次の計算をしましょう。

月　日

| ① | ② | ③ | ④ |
|---|---|---|---|
| 4.1<br>×1.2 | 7.5<br>×4.3 | 0.6 9<br>× 7.4 | 5.5<br>×0.9 1 |

| ⑤ | ⑥ | ⑦ | ⑧ |
|---|---|---|---|
| 6.6<br>×0.1 5 | 0.5 4<br>×0.3 8 | 0.4 9<br>×0.0 3 | 0.0 2<br>×0.7 5 |

| ⑨ | ⑩ |
|---|---|
| 4 8 6<br>× 9.9 | 6 3.2<br>× 6.5 |

**2** 次の計算を筆算でしましょう。

月　日

① 5.8×4.2　　② 1.04×2.06　　③ 6×2.93

# 8　小数÷小数 の筆算①

**1** 次の計算をしましょう。

① $7.9\overline{)8.6\,9}$　　② $1.3\overline{)8.9\,7}$　　③ $3.7\overline{)2.2\,2}$　　④ $0.9\overline{)8.8\,2}$

⑤ $2.7\overline{)8.1}$　　⑥ $7.5\overline{)3\,7.5}$　　⑦ $0.0\,5\overline{)2.3\,5}$　　⑧ $0.7\,4\overline{)8.8\,8}$

⑨ $2.4\,3\overline{)1\,2.1\,5}$　　⑩ $5.5\overline{)2\,2}$

**2** 次の計算を筆算でしましょう。

① $21.08 \div 3.4$　　② $5.68 \div 1.42$　　③ $80 \div 3.2$

**1** 次の計算をしましょう。

月　日

① 7.6 ) 9.8 8

② 4.4 ) 8.3 6

③ 4.8 ) 3.3 6

④ 0.4 ) 1.5 2

⑤ 2.6 ) 7.8

⑥ 6.4 ) 5 1.2

⑦ 0.0 6 ) 5.8 2

⑧ 0.6 3 ) 1.8 9

⑨ 1.1 8 ) 8.2 6

⑩ 1.5 ) 8 4

**2** 次の計算を筆算でしましょう。

月　日

①　23.25 ÷ 2.5

②　45.48 ÷ 3.79

③　15 ÷ 0.25

## 10 小数÷小数 の筆算③

★ できた問題には、
「た」をかこう!

でき 1 ◯  でき 2 ◯

**1** 次の計算をしましょう。

月　　日

① 2.1 ) 5.6 7

② 1.4 ) 8.2 6

③ 4.7 ) 3.7 6

④ 0.3 ) 1.0 2

⑤ 1.5 ) 7.5

⑥ 3.8 ) 1 1.4

⑦ 0.0 8 ) 4.9 6

⑧ 0.8 2 ) 7.3 8

⑨ 2.9 2 ) 2 3.3 6

⑩ 1.5 9 ) 4 7.7

**2** 次の計算を筆算でしましょう。

月　　日

① 12.73÷6.7

② 9.15÷1.83

③ 40÷1.6

## 1 次の計算をしましょう。

月　　　日

① 5.3) 8.4 8

② 7.4) 9.6 2

③ 2.9) 1.4 5

④ 0.7) 3.9 9

⑤ 2.3) 9.2

⑥ 8.6) 6 8.8

⑦ 0.0 3) 1.3 8

⑧ 0.8 1) 6.4 8

⑨ 2.2 6) 9.0 4

⑩ 2.4) 6 0

## 2 次の計算を筆算でしましょう。

月　　　日

① 21.45÷6.5

② 47.55÷3.17

③ 54÷1.35

**1** 次の計算をしましょう。

月　日

① 5.2 ) 9.3 6

② 1.6 ) 8.4 8

③ 1.7 ) 1.0 2

④ 0.8 ) 5.3 6

⑤ 2.4 ) 9.6

⑥ 4.1 ) 3 6.9

⑦ 0.0 5 ) 2.7 5

⑧ 0.3 9 ) 6.2 4

⑨ 1.8 2 ) 3 4.5 8

⑩ 0.0 4 ) 1 2.4

**2** 次の計算を筆算でしましょう。

月　日

① 33.11÷4.3

② 7.84÷1.96

③ 84÷5.6

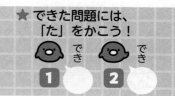
**1** 次のわり算を、わり切れるまで計算しましょう。

| 月 | 日 |
|---|---|

① 4.2)3.5 7

② 3.5)1.8 9

③ 2.4)1.8

④ 2.5)1.6

⑤ 1.6)4

⑥ 7.2)4 5

⑦ 0.5 4)1.3 5

⑧ 1.1 6)8.7

**2** 次の計算を筆算で、わり切れるまでしましょう。

| 月 | 日 |
|---|---|

① 1.02÷1.5　　② 24÷7.5　　③ 3.72÷2.48

## 14 わり進む小数の わり算の筆算②

**1** 次のわり算を、わり切れるまで計算しましょう。

月　日

① 4.5〉2.8 8

② 9.2〉3.2 2

③ 1.6〉1.2

④ 7.5〉3.3

⑤ 2.4〉3

⑥ 2.5〉8 4

⑦ 3.9 2〉5.8 8

⑧ 3.2 4〉8.1

**2** 次の計算を筆算で、わり切れるまでしましょう。

月　日

① 1.7÷6.8

② 9÷2.4

③ 9.6÷1.28

## 15 商をがい数で表す小数の わり算の筆算①

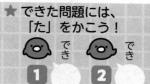

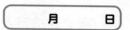

**1** 商を四捨五入して、$\frac{1}{10}$ の位までのがい数で表しましょう。

| 月 | 日 |

① 

$$3.7 \overline{\smash{)}6.94}$$

② 

$$0.81 \overline{\smash{)}9}$$

③ 

$$0.7 \overline{\smash{)}9.5}$$

④ 

$$2.7 \overline{\smash{)}34.9}$$

**2** 商を四捨五入して、上から2けたのがい数で表しましょう。

| 月 | 日 |

① 

$$0.7 \overline{\smash{)}5.8}$$

② 

$$3.6 \overline{\smash{)}9.05}$$

③ 

$$8.1 \overline{\smash{)}9.58}$$

④ 

$$2.3 \overline{\smash{)}18.6}$$

# 16 商をがい数で表す小数のわり算の筆算②

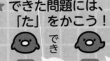
**1** 商を四捨五入して、$\frac{1}{10}$ の位までのがい数で表しましょう。

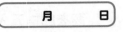
月　　　日

① 6.3 ) 7.6 1

② 1.3 ) 7

③ 7.1 ) 5.1

④ 4 5.3 ) 8

**2** 商を四捨五入して、上から 2 けたのがい数で表しましょう。

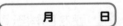
月　　　日

① 2.7 ) 5.9

② 5.3 ) 5.9 4

③ 1.9 ) 3

④ 1 9.8 ) 2 6

## 17 あまりを出す小数の わり算

**1** 商を一の位まで求め、あまりも出しましょう。

月　　日

① 0.6 ) 5.8

② 1.6 ) 5.8

③ 3.7 ) 2 9.5

④ 5.4 ) 7 4.5

⑤ 2.1 ) 9 1.2

⑥ 2.9 ) 9.3 5

⑦ 1.4 ) 8.7 3

⑧ 3.8 ) 7.5 1

**2** 商を一の位まで求め、あまりも出しましょう。

月　　日

① 1.3 ) 4

② 4.3 ) 1 6

③ 2.4 ) 6 1

④ 6.6 ) 7 9

⑤ 0.4 ) 2.5 1

⑥ 6.7 ) 2 8 4

⑦ 2.4 ) 9 0 5

⑧ 3.9 ) 6 5 7

# 18 分数のたし算①

**1** 次の計算をしましょう。

① $\dfrac{1}{3} + \dfrac{1}{2}$

② $\dfrac{1}{2} + \dfrac{3}{8}$

③ $\dfrac{1}{6} + \dfrac{5}{9}$

④ $\dfrac{1}{4} + \dfrac{3}{10}$

⑤ $\dfrac{2}{3} + \dfrac{3}{4}$

⑥ $\dfrac{7}{8} + \dfrac{1}{6}$

**2** 次の計算をしましょう。

① $\dfrac{1}{2} + \dfrac{3}{10}$

② $\dfrac{1}{15} + \dfrac{3}{5}$

③ $\dfrac{1}{6} + \dfrac{9}{14}$

④ $\dfrac{3}{10} + \dfrac{5}{14}$

⑤ $\dfrac{1}{6} + \dfrac{14}{15}$

⑥ $\dfrac{9}{10} + \dfrac{3}{5}$

**1** 次の計算をしましょう。　　　　　　　　　　　　　月　日

① $\dfrac{2}{5}+\dfrac{1}{3}$　　　　　② $\dfrac{1}{6}+\dfrac{3}{7}$

③ $\dfrac{1}{4}+\dfrac{3}{16}$　　　　　④ $\dfrac{7}{12}+\dfrac{2}{9}$

⑤ $\dfrac{5}{6}+\dfrac{1}{5}$　　　　　⑥ $\dfrac{3}{4}+\dfrac{5}{8}$

**2** 次の計算をしましょう。　　　　　　　　　　　　　月　日

① $\dfrac{1}{6}+\dfrac{1}{2}$　　　　　② $\dfrac{7}{10}+\dfrac{2}{15}$

③ $\dfrac{6}{7}+\dfrac{9}{14}$　　　　　④ $\dfrac{13}{15}+\dfrac{1}{3}$

⑤ $\dfrac{7}{10}+\dfrac{5}{6}$　　　　　⑥ $\dfrac{5}{6}+\dfrac{5}{14}$

## 20 分数のたし算③

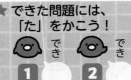

★ できた問題には、
「た」をかこう！

でき **1** ○  でき **2** ○

**1** 次の計算をしましょう。

月　　日

①　$\dfrac{1}{2} + \dfrac{2}{5}$

②　$\dfrac{2}{3} + \dfrac{1}{8}$

③　$\dfrac{1}{5} + \dfrac{7}{10}$

④　$\dfrac{1}{4} + \dfrac{9}{14}$

⑤　$\dfrac{2}{3} + \dfrac{4}{9}$

⑥　$\dfrac{3}{4} + \dfrac{3}{10}$

**2** 次の計算をしましょう。

月　　日

①　$\dfrac{1}{12} + \dfrac{1}{4}$

②　$\dfrac{3}{10} + \dfrac{1}{6}$

③　$\dfrac{11}{15} + \dfrac{1}{6}$

④　$\dfrac{1}{2} + \dfrac{9}{14}$

⑤　$\dfrac{2}{3} + \dfrac{5}{6}$

⑥　$\dfrac{14}{15} + \dfrac{9}{10}$

## 21 分数のひき算①

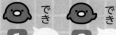
**1** 次の計算をしましょう。

月　　日

① $\dfrac{1}{4} - \dfrac{1}{9}$

② $\dfrac{6}{5} - \dfrac{6}{7}$

③ $\dfrac{3}{4} - \dfrac{1}{2}$

④ $\dfrac{8}{9} - \dfrac{1}{3}$

⑤ $\dfrac{5}{8} - \dfrac{1}{6}$

⑥ $\dfrac{5}{4} - \dfrac{1}{6}$

**2** 次の計算をしましょう。

月　　日

① $\dfrac{9}{10} - \dfrac{2}{5}$

② $\dfrac{5}{6} - \dfrac{1}{3}$

③ $\dfrac{3}{2} - \dfrac{9}{14}$

④ $\dfrac{4}{3} - \dfrac{8}{15}$

⑤ $\dfrac{11}{6} - \dfrac{9}{10}$

⑥ $\dfrac{23}{10} - \dfrac{7}{15}$

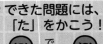
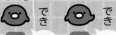

## 22 分数のひき算②

**1** 次の計算をしましょう。

月　　日

① $\dfrac{2}{3} - \dfrac{2}{5}$

② $\dfrac{4}{7} - \dfrac{1}{2}$

③ $\dfrac{7}{8} - \dfrac{1}{2}$

④ $\dfrac{2}{3} - \dfrac{5}{9}$

⑤ $\dfrac{5}{4} - \dfrac{7}{10}$

⑥ $\dfrac{11}{8} - \dfrac{1}{6}$

**2** 次の計算をしましょう。

月　　日

① $\dfrac{4}{5} - \dfrac{3}{10}$

② $\dfrac{9}{14} - \dfrac{1}{2}$

③ $\dfrac{7}{15} - \dfrac{1}{6}$

④ $\dfrac{7}{6} - \dfrac{9}{10}$

⑤ $\dfrac{14}{15} - \dfrac{4}{21}$

⑥ $\dfrac{19}{15} - \dfrac{1}{10}$

★ できた問題には、
「た」をかこう!

でき **1** ○  でき **2** ○

**1** 次の計算をしましょう。

月　　日

① $\dfrac{2}{3} - \dfrac{1}{4}$

② $\dfrac{2}{7} - \dfrac{1}{8}$

③ $\dfrac{3}{4} - \dfrac{1}{2}$

④ $\dfrac{5}{8} - \dfrac{1}{4}$

⑤ $\dfrac{5}{6} - \dfrac{2}{9}$

⑥ $\dfrac{3}{4} - \dfrac{1}{6}$

**2** 次の計算をしましょう。

月　　日

① $\dfrac{5}{6} - \dfrac{1}{2}$

② $\dfrac{19}{18} - \dfrac{1}{2}$

③ $\dfrac{7}{6} - \dfrac{5}{12}$

④ $\dfrac{13}{15} - \dfrac{7}{10}$

⑤ $\dfrac{7}{6} - \dfrac{7}{10}$

⑥ $\dfrac{11}{6} - \dfrac{2}{15}$

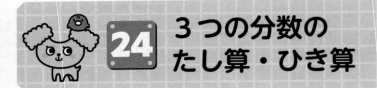

# 24 3つの分数の たし算・ひき算

**1** 次の計算をしましょう。

月 日

① $\dfrac{1}{2} + \dfrac{1}{3} + \dfrac{1}{4}$

② $\dfrac{1}{2} + \dfrac{3}{4} + \dfrac{2}{5}$

③ $\dfrac{1}{3} + \dfrac{3}{4} + \dfrac{1}{6}$

④ $\dfrac{1}{2} - \dfrac{1}{4} - \dfrac{1}{6}$

⑤ $\dfrac{14}{15} - \dfrac{1}{10} - \dfrac{1}{2}$

⑥ $1 - \dfrac{1}{10} - \dfrac{5}{6}$

**2** 次の計算をしましょう。

月 日

① $\dfrac{4}{5} - \dfrac{3}{4} + \dfrac{1}{2}$

② $\dfrac{5}{6} - \dfrac{3}{4} + \dfrac{2}{3}$

③ $\dfrac{8}{9} - \dfrac{1}{2} + \dfrac{5}{6}$

④ $\dfrac{1}{2} + \dfrac{2}{3} - \dfrac{8}{9}$

⑤ $\dfrac{3}{4} + \dfrac{1}{3} - \dfrac{5}{6}$

⑥ $\dfrac{9}{10} + \dfrac{1}{2} - \dfrac{2}{5}$

## 25 帯分数のたし算①

**1** 次の計算をしましょう。

月　　日

①　$1\frac{1}{2}+\frac{1}{3}$

②　$\frac{1}{6}+1\frac{7}{8}$

③　$1\frac{1}{4}+1\frac{2}{5}$

④　$1\frac{5}{7}+1\frac{1}{2}$

**2** 次の計算をしましょう。

月　　日

①　$1\frac{3}{4}+\frac{7}{12}$

②　$\frac{3}{10}+2\frac{5}{6}$

③　$1\frac{1}{2}+2\frac{3}{10}$

④　$2\frac{5}{6}+1\frac{7}{15}$

## 26 帯分数のたし算②

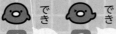
**1** 次の計算をしましょう。

月　　日

①　$1\dfrac{2}{3}+\dfrac{2}{5}$

②　$\dfrac{7}{9}+2\dfrac{5}{6}$

③　$1\dfrac{2}{3}+4\dfrac{1}{9}$

④　$1\dfrac{3}{4}+1\dfrac{5}{6}$

**2** 次の計算をしましょう。

月　　日

①　$2\dfrac{1}{2}+\dfrac{7}{10}$

②　$\dfrac{1}{6}+1\dfrac{13}{14}$

③　$1\dfrac{7}{12}+1\dfrac{2}{3}$

④　$1\dfrac{5}{6}+1\dfrac{7}{10}$

## 27 帯分数のたし算③

**1** 次の計算をしましょう。

① $1\frac{4}{5}+\frac{1}{2}$

② $\frac{3}{4}+1\frac{3}{10}$

③ $1\frac{1}{2}+1\frac{6}{7}$

④ $1\frac{5}{6}+1\frac{2}{9}$

**2** 次の計算をしましょう。

① $2\frac{1}{2}+\frac{9}{10}$

② $\frac{11}{12}+2\frac{1}{4}$

③ $2\frac{5}{14}+1\frac{1}{2}$

④ $2\frac{1}{6}+1\frac{9}{10}$

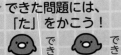 

**1** 次の計算をしましょう。

月　　日

① $1\dfrac{2}{5} + \dfrac{2}{7}$

② $\dfrac{5}{8} + 1\dfrac{5}{12}$

③ $1\dfrac{2}{3} + 3\dfrac{8}{9}$

④ $1\dfrac{5}{6} + 1\dfrac{3}{4}$

**2** 次の計算をしましょう。

月　　日

① $2\dfrac{9}{10} + \dfrac{3}{5}$

② $\dfrac{5}{6} + 1\dfrac{1}{15}$

③ $1\dfrac{9}{14} + 1\dfrac{6}{7}$

④ $1\dfrac{3}{10} + 2\dfrac{13}{15}$

## 29 帯分数のひき算①

**1** 次の計算をしましょう。

月　　日

① $1\frac{1}{2} - \frac{2}{3}$

② $3\frac{2}{3} - 2\frac{2}{5}$

③ $3\frac{1}{4} - 2\frac{1}{2}$

④ $2\frac{7}{15} - 1\frac{5}{6}$

**2** 次の計算をしましょう。

月　　日

① $1\frac{1}{6} - \frac{9}{10}$

② $4\frac{5}{6} - 2\frac{1}{3}$

③ $5\frac{2}{5} - 4\frac{9}{10}$

④ $4\frac{5}{12} - 1\frac{2}{3}$

## 30 帯分数のひき算②

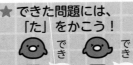
**1** 次の計算をしましょう。

①　$2\dfrac{1}{4} - \dfrac{2}{3}$

②　$2\dfrac{3}{4} - 1\dfrac{4}{7}$

③　$3\dfrac{2}{9} - 2\dfrac{5}{6}$

④　$4\dfrac{4}{15} - 3\dfrac{4}{9}$

**2** 次の計算をしましょう。

①　$1\dfrac{1}{7} - \dfrac{9}{14}$

②　$4\dfrac{3}{4} - 2\dfrac{1}{12}$

③　$5\dfrac{1}{14} - 4\dfrac{1}{6}$

④　$5\dfrac{5}{12} - 2\dfrac{13}{15}$

# 31 帯分数のひき算③

**1** 次の計算をしましょう。

① $2\dfrac{6}{7} - \dfrac{2}{3}$

② $2\dfrac{2}{3} - 1\dfrac{5}{6}$

③ $3\dfrac{1}{10} - 1\dfrac{1}{4}$

④ $2\dfrac{1}{4} - 1\dfrac{5}{6}$

**2** 次の計算をしましょう。

① $3\dfrac{1}{6} - \dfrac{1}{2}$

② $2\dfrac{1}{2} - 1\dfrac{3}{14}$

③ $4\dfrac{1}{10} - 3\dfrac{1}{6}$

④ $3\dfrac{1}{6} - 1\dfrac{13}{15}$

**1** 次の計算をしましょう。

月　　日

① $2\dfrac{2}{3} - \dfrac{3}{4}$

② $2\dfrac{5}{7} - 1\dfrac{1}{2}$

③ $2\dfrac{5}{8} - 1\dfrac{1}{4}$

④ $3\dfrac{1}{6} - 2\dfrac{5}{9}$

**2** 次の計算をしましょう。

月　　日

① $1\dfrac{3}{5} - \dfrac{1}{10}$

② $5\dfrac{1}{3} - 4\dfrac{7}{12}$

③ $4\dfrac{1}{2} - 2\dfrac{5}{6}$

④ $2\dfrac{3}{10} - 1\dfrac{7}{15}$

### 1 小数×小数 の筆算①

**1** ①2.94 ②21.46 ③3.818 ④19.995
⑤3.225 ⑥6.3 ⑦0.4836 ⑧0.0372
⑨0.043 ⑩0.2037

**2**

①
```
      7.3
  ×  5.2
    1 4 6
  3 6 5
  3 7.9 6
```

②
```
     0.3 2
  ×   5.5
   1 6 0
 1 6 0
 1.7 6 0̸
```

③
```
      7.8
 × 2.0 1
      7 8
 1 5 6
 1 5.6 7 8
```

### 2 小数×小数 の筆算②

**1** ①3.36 ②58.52 ③18.265 ④3.74
⑤1.975 ⑥0.6319 ⑦0.0594 ⑧0.034
⑨499.8 ⑩177.66

**2**

①
```
      7.5
  ×  9.4
  3 0 0
 6 7 5
 7 0.5 0̸
```

②
```
     0.1 4
  ×   3.3
     4 2
   4 2
   0.4 6 2
```

③
```
      0.8
 × 6.5 7
     5 6
    4 0
    4 8
    5.2 5 6
```

### 3 小数×小数 の筆算③

**1** ①7.36 ②13.76 ③2.414 ④1.8
⑤12.624 ⑥4.395 ⑦0.4557 ⑧0.0472
⑨0.018 ⑩63.64

**2**

①
```
     0.6 5
  ×   4.2
   1 3 0
 2 6 0
 2.7 3 0̸
```

②
```
      1.8
 × 1.0 6
   1 0 8
   1 8
   1.9 0 8
```

③
```
      3 0 6
  ×   5.8
  2 4 4 8
 1 5 3 0
 1 7 7 4.8
```

### 4 小数×小数 の筆算④

**1** ①1.44 ②41.8 ③1.222 ④7.176
⑤8.265 ⑥4.56 ⑦0.1422 ⑧0.0288
⑨0.024 ⑩50.16

**2**

①
```
     0.2 5
  ×   3.6
   1 5 0
  7 5
  0.9 0 0̸
```

②
```
      9.9
 × 0.4 2
   1 9 8
  3 9 6
  4.1 5 8
```

③
```
      1.3
 × 2.9 8
   1 0 4
  1 1 7
  2 6
  3.8 7 4
```

### 5 小数×小数 の筆算⑤

**1** ①3.63 ②11.75 ③4.628 ④7.548
⑤25.728 ⑥6.3 ⑦0.4171 ⑧0.0252
⑨0.0201 ⑩0.42

**2**

①
```
     0.6 4
  ×   4.3
   1 9 2
 2 5 6
 2.7 5 2
```

②
```
      5.6
 × 0.2 5
   2 8 0
  1 1 2
  1.4 0 0̸
```

③
```
       8 1
 × 1.0 9
   7 2 9
  8 1
  8 8.2 9
```

### 6 小数×小数 の筆算⑥

**1** ①15.39 ②33.8 ③5.688 ④2.47
⑤23.808 ⑥0.644 ⑦0.4088 ⑧0.0416
⑨0.038 ⑩475.8

**2**

①
```
     0.5 2
  ×   3.7
   3 6 4
 1 5 6
 1.9 2 4
```

②
```
      9.4
 × 0.3 6
   5 6 4
  2 8 2
  3.3 8 4
```

③
```
      1.0 5
 × 4.1 8
   8 4 0
  1 0 5
 4 2 0
 4.3 8 9 0̸
```

### 7 小数×小数 の筆算⑦

**1** ①4.92 ②32.25 ③5.106 ④5.005
⑤0.99 ⑥0.2052 ⑦0.0147 ⑧0.015
⑨4811.4 ⑩410.8

**2**

①
```
      5.8
  ×  4.2
   1 1 6
 2 3 2
 2 4.3 6
```

②
```
     1.0 4
 × 2.0 6
   6 2 4
 2 0 8
 2.1 4 2 4
```

③
```
        6
 × 2.9 3
     1 8
    5 4
   1 2
   1 7.5 8
```

**8 小数÷小数 の筆算①**

**1** ①1.1 ②6.9 ③0.6 ④9.8
⑤3 ⑥5 ⑦47 ⑧12
⑨5 ⑩4

**2** ①
```
        6.2
3,4) 21,0.8
     204
      68
      68
       0
```
②
```
        4
1,42) 5,68
      568
        0
```
③
```
       25
3,2) 800
     64
    160
    160
      0
```

**9 小数÷小数 の筆算②**

**1** ①1.3 ②1.9 ③0.7 ④3.8
⑤3 ⑥68 ⑦97 ⑧3
⑨7 ⑩56

**2** ①
```
         9.3
2,5) 23,2.5
     225
      75
      75
       0
```
②
```
        12
3,79) 45,48
      379
      758
      758
        0
```
③
```
        60
0,25) 1500
      150
        0
```

**10 小数÷小数 の筆算③**

**1** ①2.7 ②5.9 ③0.8 ④3.4
⑤5 ⑥3 ⑦62 ⑧9
⑨8 ⑩30

**2** ①
```
        1.9
6,7) 12,7.3
     67
     603
     603
       0
```
②
```
        5
1,83) 9,15
      915
        0
```

③
```
       25
1,6) 400
     32
     80
     80
      0
```

**11 小数÷小数 の筆算④**

**1** ①1.6 ②1.3 ③0.5 ④5.7
⑤4 ⑥68 ⑦46 ⑧8
⑨4 ⑩25

**2** ①
```
        3.3
6,5) 21,4.5
     195
     195
     195
       0
```
②
```
        15
3,17) 47,55
      317
      1585
      1585
         0
```
③
```
        40
1,35) 5400
      540
        0
```

**12 小数÷小数 の筆算⑤**

**1** ①1.8 ②5.3 ③0.6 ④6.7
⑤4 ⑥9 ⑦55 ⑧16
⑨19 ⑩310

**2** ①
```
        7.7
4,3) 33,1.1
     301
     301
     301
       0
```
②
```
        4
1,96) 7,84
      784
        0
```
③
```
       15
5,6) 840
     56
     280
     280
       0
```

## 13 わり進む小数のわり算の筆算①

**1** ①0.85 ②0.54 ③0.75 ④0.64
⑤2.5 ⑥6.25 ⑦2.5 ⑧7.5

**2** ①
```
          0.6 8
  1,5 )1,0.2
        9 0
        1 2 0
        1 2 0
            0
```
②
```
          3.2
  7,5 )2 4 0
        2 2 5
        1 5 0
        1 5 0
            0
```
③
```
            1.5
  2,4 8 )3,7 2
          2 4 8
          1 2 4 0
          1 2 4 0
                0
```

## 14 わり進む小数のわり算の筆算②

**1** ①0.64 ②0.35 ③0.75 ④0.44
⑤1.25 ⑥33.6 ⑦1.5 ⑧2.5

**2** ①
```
          0.2 5
  6,8 )1,7.0
        1 3 6
          3 4 0
          3 4 0
              0
```
②
```
          3.7 5
  2,4 )9 0
        7 2
        1 8 0
        1 6 8
          1 2 0
          1 2 0
              0
```
③
```
            7.5
  1,2 8 )9,6 0
          8 9 6
            6 4 0
            6 4 0
                0
```

## 15 商をがい数で表す小数のわり算の筆算①

**1** ①1.9 ②11.1 ③13.6 ④12.9
**2** ①8.3 ②2.5 ③1.2 ④8.1

## 16 商をがい数で表す小数のわり算の筆算②

**1** ①1.2 ②5.4 ③0.7 ④0.2
**2** ①2.2 ②1.1 ③1.6 ④1.3

## 17 あまりを出す小数のわり算

**1** ①9 あまり 0.4　　②3 あまり 1
③7 あまり 3.6　　④13 あまり 4.3
⑤43 あまり 0.9　　⑥3 あまり 0.65
⑦6 あまり 0.33　　⑧1 あまり 3.71

**2** ①3 あまり 0.1　　②3 あまり 3.1
③25 あまり 1　　④11 あまり 6.4
⑤6 あまり 0.11　　⑥42 あまり 2.6
⑦377 あまり 0.2　　⑧168 あまり 1.8

## 18 分数のたし算①

**1** ①$\frac{5}{6}$　　②$\frac{7}{8}$

③$\frac{13}{18}$　　④$\frac{11}{20}$

⑤$\frac{17}{12}\left(1\frac{5}{12}\right)$　　⑥$\frac{25}{24}\left(1\frac{1}{24}\right)$

**2** ①$\frac{4}{5}$　　②$\frac{2}{3}$

③$\frac{17}{21}$　　④$\frac{23}{35}$

⑤$\frac{11}{10}\left(1\frac{1}{10}\right)$　　⑥$\frac{3}{2}\left(1\frac{1}{2}\right)$

## 19 分数のたし算②

**1** ①$\frac{11}{15}$　　②$\frac{25}{42}$

③$\frac{7}{16}$　　④$\frac{29}{36}$

⑤$\frac{31}{30}\left(1\frac{1}{30}\right)$　　⑥$\frac{11}{8}\left(1\frac{3}{8}\right)$

**2** ①$\frac{2}{3}$　　②$\frac{5}{6}$

③$\frac{3}{2}\left(1\frac{1}{2}\right)$　　④$\frac{6}{5}\left(1\frac{1}{5}\right)$

⑤$\frac{23}{15}\left(1\frac{8}{15}\right)$　　⑥$\frac{25}{21}\left(1\frac{4}{21}\right)$

## 20 分数のたし算③

**1** ① $\frac{9}{10}$  ② $\frac{19}{24}$

③ $\frac{9}{10}$  ④ $\frac{25}{28}$

⑤ $\frac{10}{9}\left(1\frac{1}{9}\right)$  ⑥ $\frac{21}{20}\left(1\frac{1}{20}\right)$

**2** ① $\frac{1}{3}$  ② $\frac{7}{15}$

③ $\frac{9}{10}$  ④ $\frac{8}{7}\left(1\frac{1}{7}\right)$

⑤ $\frac{3}{2}\left(1\frac{1}{2}\right)$  ⑥ $\frac{11}{6}\left(1\frac{5}{6}\right)$

## 21 分数のひき算①

**1** ① $\frac{5}{36}$  ② $\frac{12}{35}$

③ $\frac{1}{4}$  ④ $\frac{5}{9}$

⑤ $\frac{11}{24}$  ⑥ $\frac{13}{12}\left(1\frac{1}{12}\right)$

**2** ① $\frac{1}{2}$  ② $\frac{1}{2}$

③ $\frac{6}{7}$  ④ $\frac{4}{5}$

⑤ $\frac{14}{15}$  ⑥ $\frac{11}{6}\left(1\frac{5}{6}\right)$

## 22 分数のひき算②

**1** ① $\frac{4}{15}$  ② $\frac{1}{14}$

③ $\frac{3}{8}$  ④ $\frac{1}{9}$

⑤ $\frac{11}{20}$  ⑥ $\frac{29}{24}\left(1\frac{5}{24}\right)$

**2** ① $\frac{1}{2}$  ② $\frac{1}{7}$

③ $\frac{3}{10}$  ④ $\frac{4}{15}$

⑤ $\frac{26}{35}$  ⑥ $\frac{7}{6}\left(1\frac{1}{6}\right)$

## 23 分数のひき算③

**1** ① $\frac{5}{12}$  ② $\frac{9}{56}$

③ $\frac{1}{4}$  ④ $\frac{3}{8}$

⑤ $\frac{11}{18}$  ⑥ $\frac{7}{12}$

**2** ① $\frac{1}{3}$  ② $\frac{5}{9}$

③ $\frac{3}{4}$  ④ $\frac{1}{6}$

⑤ $\frac{7}{15}$  ⑥ $\frac{17}{10}\left(1\frac{7}{10}\right)$

## 24 3つの分数のたし算・ひき算

**1** ① $\frac{13}{12}\left(1\frac{1}{12}\right)$  ② $\frac{33}{20}\left(1\frac{13}{20}\right)$

③ $\frac{5}{4}\left(1\frac{1}{4}\right)$  ④ $\frac{1}{12}$

⑤ $\frac{1}{3}$  ⑥ $\frac{1}{15}$

**2** ① $\frac{11}{20}$  ② $\frac{3}{4}$

③ $\frac{11}{9}\left(1\frac{2}{9}\right)$  ④ $\frac{5}{18}$

⑤ $\frac{1}{4}$  ⑥ $1$

## 25 帯分数のたし算①

**1** ① $\frac{11}{6}\left(1\frac{5}{6}\right)$  ② $\frac{49}{24}\left(2\frac{1}{24}\right)$

③ $\frac{53}{20}\left(2\frac{13}{20}\right)$  ④ $\frac{45}{14}\left(3\frac{3}{14}\right)$

**2** ① $\frac{7}{3}\left(2\frac{1}{3}\right)$  ② $\frac{47}{15}\left(3\frac{2}{15}\right)$

③ $\frac{19}{5}\left(3\frac{4}{5}\right)$  ④ $\frac{43}{10}\left(4\frac{3}{10}\right)$

## 26 帯分数のたし算②

**1** ① $\frac{31}{15}\left(2\frac{1}{15}\right)$  ② $\frac{65}{18}\left(3\frac{11}{18}\right)$

③ $\frac{52}{9}\left(5\frac{7}{9}\right)$  ④ $\frac{43}{12}\left(3\frac{7}{12}\right)$

**2** ① $\frac{16}{5}\left(3\frac{1}{5}\right)$  ② $\frac{44}{21}\left(2\frac{2}{21}\right)$

③ $\frac{13}{4}\left(3\frac{1}{4}\right)$  ④ $\frac{53}{15}\left(3\frac{8}{15}\right)$

## 27 帯分数のたし算③

**1** ① $\dfrac{23}{10}\left(2\dfrac{3}{10}\right)$　　　② $\dfrac{41}{20}\left(2\dfrac{1}{20}\right)$

③ $\dfrac{47}{14}\left(3\dfrac{5}{14}\right)$　　　④ $\dfrac{55}{18}\left(3\dfrac{1}{18}\right)$

**2** ① $\dfrac{17}{5}\left(3\dfrac{2}{5}\right)$　　　② $\dfrac{19}{6}\left(3\dfrac{1}{6}\right)$

③ $\dfrac{27}{7}\left(3\dfrac{6}{7}\right)$　　　④ $\dfrac{61}{15}\left(4\dfrac{1}{15}\right)$

## 28 帯分数のたし算④

**1** ① $\dfrac{59}{35}\left(1\dfrac{24}{35}\right)$　　② $\dfrac{49}{24}\left(2\dfrac{1}{24}\right)$

③ $\dfrac{50}{9}\left(5\dfrac{5}{9}\right)$　　　④ $\dfrac{43}{12}\left(3\dfrac{7}{12}\right)$

**2** ① $\dfrac{7}{2}\left(3\dfrac{1}{2}\right)$　　　② $\dfrac{19}{10}\left(1\dfrac{9}{10}\right)$

③ $\dfrac{7}{2}\left(3\dfrac{1}{2}\right)$　　　④ $\dfrac{25}{6}\left(4\dfrac{1}{6}\right)$

## 29 帯分数のひき算①

**1** ① $\dfrac{5}{6}$　　　　　② $\dfrac{19}{15}\left(1\dfrac{4}{15}\right)$

③ $\dfrac{3}{4}$　　　　　④ $\dfrac{19}{30}$

**2** ① $\dfrac{4}{15}$　　　　② $\dfrac{5}{2}\left(2\dfrac{1}{2}\right)$

③ $\dfrac{1}{2}$　　　　　④ $\dfrac{11}{4}\left(2\dfrac{3}{4}\right)$

## 30 帯分数のひき算②

**1** ① $\dfrac{19}{12}\left(1\dfrac{7}{12}\right)$　　② $\dfrac{33}{28}\left(1\dfrac{5}{28}\right)$

③ $\dfrac{7}{18}$　　　　④ $\dfrac{37}{45}$

**2** ① $\dfrac{1}{2}$　　　　　② $\dfrac{8}{3}\left(2\dfrac{2}{3}\right)$

③ $\dfrac{19}{21}$　　　　④ $\dfrac{51}{20}\left(2\dfrac{11}{20}\right)$

## 31 帯分数のひき算③

**1** ① $\dfrac{46}{21}\left(2\dfrac{4}{21}\right)$　　② $\dfrac{5}{6}$

③ $\dfrac{37}{20}\left(1\dfrac{17}{20}\right)$　　④ $\dfrac{5}{12}$

**2** ① $\dfrac{8}{3}\left(2\dfrac{2}{3}\right)$　　　② $\dfrac{9}{7}\left(1\dfrac{2}{7}\right)$

③ $\dfrac{14}{15}$　　　　④ $\dfrac{13}{10}\left(1\dfrac{3}{10}\right)$

## 32 帯分数のひき算④

**1** ① $\dfrac{23}{12}\left(1\dfrac{11}{12}\right)$　　② $\dfrac{17}{14}\left(1\dfrac{3}{14}\right)$

③ $\dfrac{11}{8}\left(1\dfrac{3}{8}\right)$　　　④ $\dfrac{11}{18}$

**2** ① $\dfrac{3}{2}\left(1\dfrac{1}{2}\right)$　　　② $\dfrac{3}{4}$

③ $\dfrac{5}{3}\left(1\dfrac{2}{3}\right)$　　　④ $\dfrac{5}{6}$